普通高等教育“十三五”规划教材

化工单元操作实训

王红梅　徐铁军　主编

化学工业出版社

·北京·

《化工单元操作实训》是根据普通高等学校向应用技术型转型发展的需要，按照现代教育理念，围绕应用技术型人才培养目标，以体现现代工厂情景的实训装置为依托，立足于学生岗位职业能力培养，结合化工企业技术人员培训的实际需要，为化工类及相关专业教学改革、强化工程实践能力而编写的。书中主要介绍了流体输送、传热、吸收解析、精馏、干燥等典型的化工单元操作实训、化工管路拆装实训以及相关的教学管理规定等内容。

本书适合普通高等本科院校化工类及相关专业实训使用，也可作为高职高专化工类及相关专业岗前职业技能训练使用，还可作为化工企业生产人员的培训教材。

图书在版编目（CIP）数据

化工单元操作实训/王红梅，徐铁军主编. —北京：化学工业出版社，2016.6（2022.1重印）
普通高等教育“十三五”规划教材
ISBN 978-7-122-26883-9

Ⅰ.①化… Ⅱ.①王…②徐… Ⅲ.①化工单元操作-高等学校-教材 Ⅳ.①TQ02

中国版本图书馆CIP数据核字（2016）第085789号

责任编辑：旷英姿 石 磊　　装帧设计：王晓宇
责任校对：宋 玮

出版发行：化学工业出版社（北京市东城区青年湖南街13号 邮政编码100011）
印 装：天津盛通数码科技有限公司
787mm×1092mm 1/16 印张6 插页4 字数126千字 2022年1月北京第1版第3次印刷

购书咨询：010-64518888　　售后服务：010-64518899
网 址：http://www.cip.com.cn
凡购买本书，如有缺损质量问题，本社销售中心负责调换。

定 价：19.00元

FOREWORD 前言

本书是根据普通本科高等学校向应用技术型转型发展的需要，为化工类及相关专业教学改革、强化工程实践能力而编写的。按照国家中长期教育改革和发展规划纲要的发展目标，不断优化高等教育结构布局，合理配置高等教育资源，必将促进地方高等院校转型发展、办出特色，更好地为地方经济和社会发展服务。很多高校的人才培养目标立足于培养面向生产服务一线、基础扎实、实践能力强、综合素质好的应用技术型人才，而培养应用技术型人才的关键是培养工程实践能力。化工类企业出于安全考虑，能够提供给学生顶岗实习的机会远远不能满足实际需要。因此，有必要建立现代化的实训基地，使用体现现代工厂情景的设备，模拟生产现场，对学生进行实训，培养学生发现问题，并能分析和解决实际问题的能力，尽快适应企业要求。

本教材在编写过程中根据现代教育理念，围绕应用型人才培养目标，立足于学生工程实践能力培养，结合化工企业技术人员培训的实际需要，对课程内容进行了重新整合，以化工单元操作岗位工作过程为主线，理论联系实际，把岗位技能训练贯穿于以工作任务为载体的项目教学中，更加注重学生工程实践能力的培养，突出教材的实用性和适用性。

化工单元操作的种类很多，本书精选了流体输送、传热、吸收解析、精馏、干燥等典型的化工单元操作进行介绍，并增加了化工管路与阀门的拆装实训，每个单元均有思考题。本书从内容选取上完全贴合了教育教学改革实际，充分结合学生实际情况，以实际的实训装置为依托，以典型的化工生产过程为载体，以工程实践能力培养为目标，把化工技术、自动化技术、网络通讯技术、数据处理等最新的成果揉合在一起，实现了工厂模拟现场化，可完成故障模拟、故障报警、网络采集、网络控制等实训任务，做到学中做、做中学，形成“教、学、做、训、考”一体化的教学模式。

本书努力按照“实训课程体系模块化，实训内容任务化，技能操作岗位化，安全操作规范化，考核方案标准化，职业素养文明化”的目标编写，适合普通高等本科院校化工类及相关专业实训使用，也可作为高职高专化工类及相关专业岗前职业技能训练使用，还可作为化工生产企业人员的培训教材。

本书由沈阳工业大学王红梅、徐铁军、王晓丽、魏如振、朱静、任文祥、薛钧、高倩楠等编写，王红梅、徐铁军主编，王红梅统稿。本书在编写过程中得到杭州言实科技有限公司、中国石油辽阳石化分公司相关技术人员的大力支持，在此表示衷心感谢。

限于编者水平，书中不妥之处难免，敬请批评指正。

编者

2016 年 3 月

CONTENTS 目录

5 吸收-解吸实训

6 常减压精馏实训

1 绪论

1.1 实训的意义

一个化工产品的生产是通过若干个物理操作与若干个化学反应实现的。尽管化工产品千差万别，生产工艺多种多样，但这些产品的生产过程所包含的物理过程并不是很多，很多物理过程是相似的，具有共性的本质、原理和规律。把这些包含在不同化工产品生产过程中、发生同样物理变化、遵循共同的物理规律、使用相似设备、具有相同功能的基本物理操作，称为单元操作。例如，流体输送不论用来输送何种物料，其目的都是将流体从一个设备输送至另一个设备；分离提纯的目的都是得到指定浓度的混合物等。

随着现代工业技术的快速发展，生产装置的大型化、生产过程的连续化和自动化程度的提高，为保证生产安全稳定、长周期、满负荷、最优化的运行，岗前的职业技能培训显得越来越重要。但由于行业的特殊性，化工生产工艺过程复杂，工艺条件要求十分严格，常伴有高温、高压、易燃、易爆、有毒、腐蚀等不安全因素，不适宜采用常规的职业培训方法。通过建立现代化的实训基地，使用体现现代工厂情景的化工单元设备，模拟生产现场，对学生进行实训，可以为受训人员提供安全、经济的离线培训条件，培养学生发现故障、分析和解决实际问题的能力，尽快适应企业要求。

化工单元操作实训的主要任务是结合化工单元操作的岗位要求，使学生受到化工生产基本操作技能训练，熟悉流体输送、干燥、传热、蒸馏、吸收等典型的化工单元操作规范，理论联系实际，提升工程实践能力。培养遵章守纪、认真工作、严谨求实、团结协作的工作作风，建立安全、环保意识，初步具备工程技术人员的基本工作素养。

1.2 实训的基本要求

化工单元操作实训是一门实践性很强的课程，是化工类及相关专业的必修实践课。实训过程中必须保持严谨求实的工作态度，手脑并用，认真思考，理论联系实际，实事求是地整理实训数据，按时完成实训项目。

1.2.1 认真预习

化工单元操作实训工程性较强，涉及化工原理等课程的知识，有许多问题需要预先思考、分析，做好必要的准备。充分准备是成功的关键，因此，实训前必须预习。具体预习要求如下：

（1）认真阅读实训指导书，明确该训练项目的任务、具体内容及注意事项。

（2）依据训练项目的具体内容，熟悉工艺流程图，思考实训操作步骤和理论依据，分析要测取哪些数据，并估计数据的变化规律。

（3）在现场结合实训指导书，仔细查看设备的构造、仪表类型、安装位置。

（4）拟定实训方案，明确操作条件及操作顺序。

（5）列出该实训任务需要得到的全部原始数据和操作项目清单。

1.2.2 精心操作

实施实训项目前，一定要认真检查实训设备是否正常，做好开机准备。确认其完全正常后，报告实训指导老师，经老师同意后方可按照实训步骤和操作规范来实施开机、平稳运行操作，记录完数据后进行正常关机操作。实施过程中要认真观察，勤于思考，准确判断，精准操作。

1.2.3 如实记录

要实事求是记录好实训数据。注意以下事项。

（1）准备好完整的原始记录表，记下各项物理量的名称、符号和计量单位，要保证数据的完整。

（2）开车后等待现象稳定后开始读数据。条件改变后，也要等稳定一定时间后读取数据，以排除因仪表滞后现象导致的读数误差。

（3）相同条件下，至少要读取两次数据，且只有当两次数据相近的情况下才可改变操作条件。

（4）每个数据记录后，应立即复核，以免发生读错或写错数字的情况。

（5）数据记录必须实事求是地反映仪表的精度要求，通常要记录至仪表的最小分度以下一位数。

（6）实训中若出现异常情况以及数据有明显误差，应该给以标注，并分析原因。

1.2.4 及时总结

完成实训操作后，应及时总结实训过程的得失，科学地处理原始数据，撰写实训报告。实训报告应是按照一定的格式和要求表达实训过程和结果的文字材料，是实训工作的全面概括和总结，是实训工作不可或缺的一部分，要求规范、准确和完整。实训报告应包括以下主要内容。

1. 实训内容简介

2. 绘制工艺流程图

3. 实训步骤

3.1 开车前准备；

3.2 正常开车；

3.3 稳定运转；

3.4 正常停车。

4. 数据记录及讨论分析

5. 思考题

6. 实训心得

1.3 实训的管理

1.3.1 组织管理

实训教学必须在人才培养方案、教学大纲、教材、实训安排表等教学文件齐备的情况下进行，严格按照安排表执行，任何部门、任何个人未经批准，不得随意改动。要杜绝实训安排的随意性，禁止擅自缩短规定实训学时。

1.3.2 教师管理

实训指导教师是决定实训教学效果的重要因素，实训指导教师应按行为规范严格要求自己，认真履行职责，教书育人，保质保量地完成所承担的工作任务。

(1) 坚持安全第一。对学生讲清楚安全注意事项和安全操作规程，全程负责所指导学生的人身安全。

(2) 坚持教书育人。对学生不仅要传授必要的基本知识和生产技能，还要对学生进行思想作风、工作作风等方面的教育，加强学生的劳动观念、协作精神、法制观念等教育。

(3) 执行规范化教学。依据教学大纲对学生讲解基本知识、传授基本技能，学生实训的内容应按计划进行，指导教师对讲授的内容、学生操作内容和实习时间不得随意增减。

① 做好实训前的准备工作；

② 做好示范讲解，加强巡视，注意观察，认真辅导，及时处理学生实训中发生的问题；

③ 实训过程中指导教师不能包办代替，要让学生独立操作，培养学生动手能力，独立分析问题、解决问题的能力；

④ 客观公正评定学生的项目操作成绩，及时上报；

⑤ 带领学生搞好实训场地的清洁卫生；

⑥ 及时上报仪器设备损坏情况；

⑦ 及时总结经验，不断改进实习教学工作。

(4) 对不服从安排或不认真执行学校有关实训教学管理规章制度者，不再聘为实训指导教师。

1.3.3 学生管理

和理论教学相比，实训环节的人力、物力、财力投入是巨大的，学生应珍惜实训机会，努力提高岗位技能和综合素质。学生实训要求如下：

(1) 实训前必须预习实训内容，明确实训任务，阅读相关资料；

(2) 实训时，应尊敬老师，认真听讲，积极思考，准确操作，完成全部实训任务；

(3) 必须遵守安全操作规程，加强自身安全防护意识；

(4) 必须思想集中，严禁在操作设备时聊天，不得在实训场地打闹奔跑，不得玩手机，不做与实训无关的事情；

(5) 未经实训指导教师允许，不得擅自开动和操作装置；

(6) 操作中若发现设备运转异常或有事故发生，应及时向指导教师报告；

(7) 操作必须在指定设备上进行，严禁串岗；

(8) 不得擅离操作岗位，坚持人走关机，严禁在装置运转时离开；

(9) 遵守考勤制度，不迟到、不早退，病假要有医院的诊断书；

(10) 爱护实训场地的一切设备，保管好工具；

(11) 做好场地的清洁工作，物件摆放整齐，做到文明实习；

(12) 按时、独立完成实训报告。

学生遵守守则的情况作为成绩考核的依据，对严重违反管理规定者，视其情节给予教育、处理，直至取消实训资格并报学校给予处分。

1.4 成绩考核与评定

实训成绩考核，应突出操作技能的考核，要对每一个学生应掌握的各项技能的规范、熟练程度逐项考核评分，真实反映学生的学习状态、能力和水平。考核采取集中考核与实训过程随机考核相结合的方式进行。

1.4.1 实训成绩考核

实训综合成绩由过程考核、操作考核及实训报告成绩组成，操作考核占50%，过程考核占30%，实训报告占20%。

(1) 过程考核

过程考核评定等级分A、B、C、D、E五个等级，考核内容包括预习情况、出勤情况、纪律考核等方面。凡未预习、缺勤、未按照要求着装、玩手机、未经请假离岗、串岗、不注意听讲、未按要求操作、不听指挥及做与实训内容无关的活动等，每发现一次降级一等，直至过程考核环节不合格。

(2) 操作考核

操作能力考核由指导教师根据学生操作情况进行现场考核。评定等级分为A、B、C、D、E五个等级，一个项目操作成绩为B或以上，其余实训项目成绩均为A者，操作考核总成绩为A；有一个项目操作成绩为E者，操作总成绩为E。

考核内容包括实训前的设备检查、操作规范程度、数据处理情况、独立实训能力、工作态度等。具体考核内容如下：

① 实训开始前的设备检查是否到位，是否会调试设备使其待运行；

② 实训操作是否规范、准确、熟练，能否独立完成相应岗位工作；

③ 实训进行中的实验记录是否是原始数据，数据处理是否准确；

④ 是否能综合应用所学理论和操作技能判断并排除运行中的故障；

⑤ 实训态度是否认真，与团队成员能否协调配合。

(3) 实训报告考核

实训报告考核主要考核学生是否按时按要求完成实训报告，是否有抄袭、严重错误、未完成等情况。评定等级分为A、B、C、D、E五个等级。

1.4.2 实训成绩评定标准

化工单元操作实训课的成绩评定分优秀、良好、中等、及格和不及格五个等级。

(1) 优秀

高度重视训练项目，进实训室前认真阅读项目内容及有关资料，掌握工艺流程图，熟悉装置设备；能认真细致地检查、调试装置设备，操作规范，积极思考；原始记录规范，数据处理正确；按时独立完成实训报告，报告内容完整、正确；工作主动，具有团队精神；自觉遵守实训纪律，全勤，无事故。

(2) 良好

比较重视实训项目，进实训室前能够了解实训相关内容，了解工艺流程，了解装置设备；检查、调试装置设备不够熟练，在老师的指导下能够做好规定实训项目，操作较规范；原始记录规范，数据处理正确；能按时完成实训报告，报告内容完整，结论基本正确；能够完成相应岗位工作，有团队意识；遵守纪律，全勤，无事故。

(3) 中等

对实训项目重视程度不够，进实训室前能够了解实训任务；检查、调试装置设备不够熟练，在老师的指导下能够完成实训任务，独立工作能力不够；原始记录正确，能进行数据处理；能按时完成实训报告，报告内容基本完整，结论基本正确；工作不主动，基本能够完成相应岗位工作；基本遵守纪律，缺勤不超过1天，无事故。

(4) 及格

对实训项目重视程度不够，实训前阅读实训内容不仔细；检查、调试装置设备不熟练，在老师和同学的帮助下能完成训练任务，独立工作能力较差；实训报告按时完成；缺勤累计不超过 2 天，无事故。

（5）不及格

对实训项目不重视，实训前未做好准备工作；不能独立完成实训项目，操作不规范；实训报告不能完成；缺勤累计超过 2 天，有操作事故或责任事故。

1.5 实训安全

1.5.1 实训安全基本知识

由于化工单元操作实训中涉及水、电、气、易燃化学品等，因此进入实训室首先要注意安全问题。实训前要了解可能发生的事故和发生后采取的安全措施；实训时要严格遵守安全守则，按照规定的步骤，规范操作，以免发生意外事故。

为保证实训安全，应注意以下事项。

（1）注意用电安全

为防止发生触电事故，严禁用湿手去触碰电闸、开关和电气设备，禁止带电用湿布擦拭；尽量不要双手同时接触电气设备的金属外壳，防止漏电；严禁超负荷用电；操作电负荷较大设备时，尽量穿绝缘的胶底鞋。

（2）注意防火

精馏实训中使用酒精，要防止可燃物的燃烧。禁止在实训室使用明火，禁止吸烟。

（3）防止爆炸

传热实训中的水蒸气锅炉、吸收解析装置中的 CO_2 钢瓶，在使用中应确保高压设备和气瓶的安全，防止爆炸事故发生。

（4）防止意外事故

注意防止机械创伤、烫伤、碰伤、摔伤等意外事故的发生。严禁用手接触高温水蒸气或物料；在二层工作台操作应注意防止摔伤、扭伤等意外事故的发生；操作阀门等应防止机械创伤、碰伤；盘起长发，严禁将手或头发接触正在转动的机器，如风机叶片、转动中的泵轴等，以免卷入。

（5）防止药品、废液伤害

实训使用的所有药品严禁吸、嗅和品尝，严禁药品接触伤口，严禁在实训室吃零食，使用过的废液不能随意倒入下水道，污染环境，实训完毕后应细心洗手。

（6）注意设备故障

及时发现实训过程中的异常现象，发生设备故障要及时排除，避免严重事故发生。

（7）注意保持实训室的通风。

1.5.2 实训安全基本防护措施

应熟悉安全用具如灭火器材、沙箱以及急救箱的放置地点、使用方法。了解实训室可能发生的意外事故以及相应的急救措施。安全用具要妥善保管，不准挪作他用。

(1) 实训室常用的急救工具

① 消防器材　消防器材包括泡沫灭火器、二氧化碳灭火器、四氯化碳灭火器、毛毡、细沙等。

② 急救药箱　急救药箱中一般配有紫药水、碘酊、红汞、甘油、凡士林、烫伤药膏、70%酒精、3%双氧水、1%乙酸溶液、1%硼酸溶液、1%饱和碳酸钠溶液、绷带、纱布、药棉、药棉签、创可贴、医用镊子、剪刀等。

(2) 实训室可能发生的意外事故及急救措施

① 如遇起火，要保持冷静，首先应立即熄灭附近火源并移开附近的易燃物质。少量有机溶剂着火，可用湿布、黄沙扑火，不可用水灭火。局部溶剂或油类物质着火可用湿布或石棉网盖灭。若火势较大，一定要用泡沫灭火器灭火。电气设备着火，应先切断电源，再用二氧化碳灭火器灭火。如果无法控制火情，应尽快离开实训室，打 119 报警。

② 衣服着火时，切勿乱跑，会使空气量增加，加重火势。一般用厚衣服熄灭，盖毛毯或用水冲淋灭火，或就地打滚。一般不要对人使用灭火器。

③ 如果被灼伤，轻者可紧握伤处用冷水冲淋，重者需要医生处理或涂以烫伤膏等。

④ 如遇触电事故，首先切断电源，必要时进行人工呼吸。

(3) 用电安全基本知识

① 实训前，必须了解室内总电闸与分电闸的位置，出现用电事故时及时切断电源。

② 电器设备维修时必须停电作业，如遇换保险丝，一定要先拉下电闸再进行操作。

③ 电器设备的金属外壳应接地线，并定期检查是否连接良好。

④ 电热器设备在通电前，一定要熟悉其电加热所需的前提条件是否具备。例如，在精馏分离时，在接通精馏塔釜电热器前，要检查釜中的液位是否符合要求，在接通空气预热器的电热器前，必须先打开空气鼓风机后，才可给预热器通电。

⑤ 在实训过程中，如发生停电现象，必须切断电闸，以防来电时，无人监视电器设备状态。实训项目结束，切断所有电闸后方可离开。

2 化工管路拆装操作实训

2.1 实训任务

(1) 了解化工生产中化工管路的种类和组成；
(2) 掌握化工管路图的识读、绘制；
(3) 熟悉各种管子、管件、管路附件和阀门等零部件的结构和组成；
(4) 熟悉常用管路拆装工具的使用方法；
(5) 初步掌握化工管路的安装技术以及与设备、机器相连接的技术；
(6) 能正确记录拆装步骤；
(7) 掌握化工管路拆装中的安全知识。

2.2 实训与化工生产相关内容简介

在化工生产中所用的各种管路总称为化工管路，由各种管子、管件、管路附件和阀门等零部件组成。有化工生产装置就必然有化工管路。化工管路种类很多，其功能是按工艺流程把各个化工设备连接起来，输送各种介质，如高温、高压、低温、低压、有爆炸性、可燃性、毒害性和腐蚀性的介质等。

2.2.1 化工用管

化工管路，尤其是炼油、石油化工管道，输送的介质基本上都是易燃、可燃性介质，有些物料还属于剧毒性介质，这类管道即使压力很低，但发生泄漏或损坏，后果也是很严重的。因此对于管道不仅要考虑温度和压力的影响，还要考虑介质物化性质的影响。化工用管可分为金属管和非金属管。

(1) 金属管

主要有铸铁管、水煤气管、无缝钢管、铝管、铜管（包括黄铜-铜锌合金、青铜-铜锡合金）铅管等。

(2) 非金属管

主要有塑料管（包括聚氯乙烯、聚乙烯、聚丙烯、聚苯丙烯、聚酰胺和聚甲醛等）、陶瓷管、玻璃管、石墨管、水泥管等。

大多数管路都是预先制成各种管路零件，而零件的尺寸都比较短，方便储存和运输。为满足工艺生产等各方面的需要，管路中还有许多管件，如弯头、三通、四通、变径管、法兰、阀门等。上述管件大多是采用承插式或活套法兰夹持式的连接方式相互连接。而阀门是在管路中的主要作用是调节流量、切断或切换管路以及对管路安全、控制作用的管件。

2.2.2 管件与阀门的种类

(1) 管件

管路当中所用的各种连接部件统称为管件。管件是组成化工管路不可缺少的部分，有的是利用现有管子加工而成的，有的是用锻造、铸造、模压等方法制成的。由于管件尺寸比较小，在管路的安装和检修时会比较方便。常用管件阀门的连接如图 2-1 所示。

(2) 阀门的种类

阀门是化工管路上控制介质流动的重要部件。阀门在管路中主要起到开启或关闭（切断或连通管内流体输送)、调节（调节管内流量、压力)、节流（使流体通过阀门后产生很大的压力变化）的作用，还有一些阀门能根据一些条件自动启闭，控制流体的流向，维持一定压力、阻气、排水，确保安全的操作环境或其他作用。

阀门的种类有很多，也有多种分类方法。按作用可分为截止阀、调节阀、止逆阀、安全阀、减压阀、稳压阀等。若按照启闭的方法可分为他动阀和自动阀，其中他动阀就是靠外力作用启闭的阀门，如手动阀、电动阀、气动阀、液压阀等；自动阀就是阀门能够自动操作，不需外力作用启闭的阀门，如止逆阀、安全阀、疏水阀、稳压阀、减压阀等。

最常见的分类方式是按结构及形状来分类。化工生产中常用的阀门简介如下。

① 截止阀　截止阀的结构主要分为阀盘、阀座、阀体、阀杆、阀盖、手轮等。阀体一般为铸铁材质，阀盘和阀座都为青铜、黄铜或不锈钢材质，需要研磨配合。操作时，通过转动手轮使阀杆上下移动，改变阀座与阀盘之间的距离，从而实现启闭、调节流量的目的。

② 闸阀　闸阀的结构主要分为阀座（槽)、阀板、阀体、阀杆、阀盖、手轮等。操作时，通过转动手轮使阀杆上下或升降，改变阀板与阀座（槽）之间的高度，从而实现启闭与调节流量的目的。

③ 球阀　球阀的结构主要包括中间开孔的球体阀芯和空阀芯阀体等。操作时球阀不用手轮，可控制球体在阀体内自由转动，当球体的孔正朝着阀体的流体是为开启，当它旋转 90°时，孔被挡住来切断流体。

④ 旋塞阀　旋塞阀的结构主要是由穿孔锥形旋塞和阀体等组成。操作时旋塞阀球阀

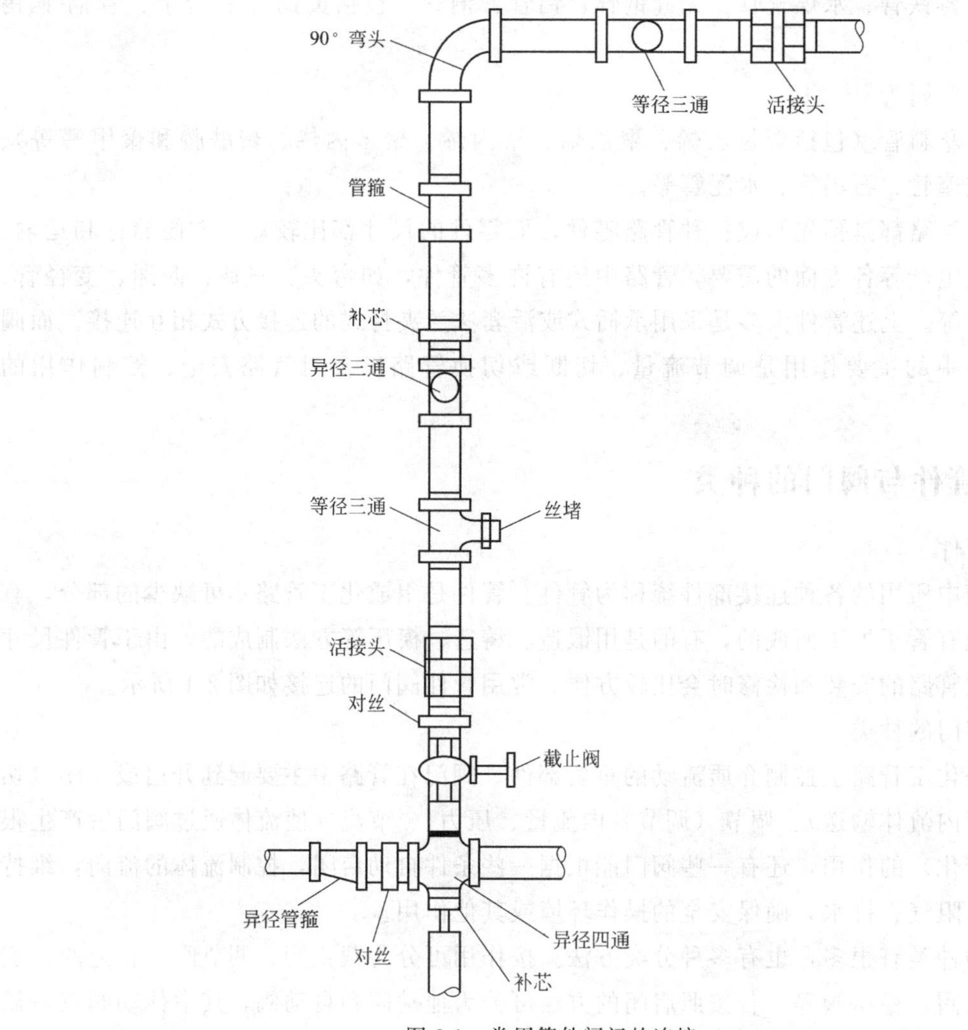

图 2-1　常用管件阀门的连接

类似，可控制锥形旋塞在空心阀体内自由转动，当旋塞的孔正朝着阀体的流体时为开启；当它旋转 90°时，孔被挡住而切断流体。

⑤ 节流阀　节流阀其实是截止阀的一种，由于阀头的形状为圆锥或流线形状，变化均匀，可以连续、精确地控制流体的流量或进行节流调压等。节流阀制作精度要求较高，密封性能好，且不宜用于黏度大和含固体颗粒介质的管路中。主要用于仪表、控制以及取样等管路中。

⑥ 止回阀　止回阀又称止逆阀或叫单向阀，一般结构为在阀体内有一个阀瓣或摇板，是一种自动关闭阀门，可使管路中的流体只能单方向流动，不允许反向流动。当介质顺流时流体将阀瓣自动顶开，但当流体倒流时流体（或弹簧力）自动将阀瓣关闭。

⑦ 蝶阀　蝶阀的结构很简单，外形尺寸小，是靠管内一个可以旋动的圆盘（或椭圆盘）来控制管路启闭的。蝶阀的密封性一般较差，大多只适用于低压的大口径管路中的流量调节，在输送水、空气、煤气等介质的管路中较常见。

⑧ 减压阀　减压阀主要结构由膜片、弹簧、活塞等零件组成，是利用介质的压差控

制阀瓣与阀座的间隙大小将较高的介质压力调节到较低数值的自动阀门。一般阀后压力要小于阀前压力的50%。减压阀的种类很多，常见的有活塞式和弹簧膜式两种。

⑨ 安全阀　为确保化工生产的安全，在有压力的管路中，常设有泄压装置。大多数化工管路中用安全阀，安全阀是启闭件受外力作用下处于常闭状态，当设备或管道内的介质压力升高超过规定值时，通过向系统外排放介质来防止管道或设备内介质压力超过规定数值的特殊阀门。安全阀的种类很多，大致可以分为弹簧式和杠杆式两种。

(3) 阀门的安装与操作

① 阀门的安装　阀门的安装要满足生产操作的要求，一般的注意事项包括：经常开关或调节流量的关键性阀门要串联安装两个，其中一个备用（备用阀经常开着不予使用），一旦常用阀坏了，即可使用备用阀，等停电、检修时再维修、更换坏的阀门；对液体管路，要在最低点设置放净阀（最低点排放），以便在停车检修或其他必要时把管路中的液体排净；还要在液体管路的较高处或适当的地方安装排气阀，以便排放在管路中的空气，以免阻塞管路；对气体（或蒸汽）管路，也要设置最低点的排放阀，以便把从气体中冷凝下来的水或冷凝液放出；在气体（或蒸汽）管路的较高处或适当的地方也要安装放空阀，排出不凝气体；为了控制产品质量，在输送化工中间产品或最终产品的管路上经常需要安装取样阀，以便定期取样分析。

② 阀门的操作　阀门是控制化工生产的重要部件，任何一个化工生产工艺过程的优化操作，都需要通过阀门的调节来实现。应该注意的事项如下。

并非所有的阀门都是逆时针开顺时针关，许多减压阀（如氧气钢瓶、氮气钢瓶等）都是顺时针开逆时针关（俗称反扣）的。

对于用丝杆启闭的阀门，特别是暗杆式的（如截止阀和闸阀），丝杆比较单薄，在关闭或全开到头时，要退回1/4扣，以免拧得过紧，下次再开时不知是开是关，扭不对扣，易把丝杆扭坏。

当这样的阀门手轮转不动时，可将手轮卸下，用活扳手卡住杆上部方形部分用力扭开，不能用铁棍等敲打或硬扭。

当球阀拧不动时，可以稍稍松一下压盖螺丝，用锤子轻轻敲击，而不能在手柄上套以长管硬扳，以免把阀门拧坏。

截止阀、闸阀的阀盘与阀杆之间是刚性连接，常有活动的余地，有时扭得很轻快，发生空转现象。

对于阀门的启闭，要慢慢拧动，不可转动过快，特别是像蒸汽等压力管路，送气时要缓慢地转动手轮，先微微送气，然后停一会儿，再继续开大阀门，蒸汽就能平稳地送出，若阀门短时间内开启过大，后面的管路会剧烈振动，产生气锤现象。

总之，阀门的操作要根据阀的结构和操作原理，符合操作规范，要小心仔细。

2.2.3　关键的规格及化工管路的连接方法

化工管路中的管子、管件、阀门等构件，都有各自所适用的尺寸和压力，称为公称直径和公称压力，使用时要按照管路要求进行选用。

化工管路，除了使用合适的管子以外，还需要采用合适的连接方法，选用具有对应公称压力和公称直径的管件来进行连接。主要连接方法有螺纹连接、焊接、法兰连接等几种。

2.2.4 管路的布置与安装

一个合理可靠的管路布置和安装才能确保化工管路的正常运行，因此应该做到：①合理的流程设计；②优良的部件选材；③规范的安装；④正确的操作与维护。所以，管路的布置与安装对于化工生产流程来说是至关重要的。

管路的布置是在设备布置的基础上进行的。在管路布置时，首先应考虑安装、检修、操作的方便以及人身安全，同时尽可能减少基础建设的费用，还要根据生产的特点、设备的布置、物料的性质、建筑的结构、美观等方面进行综合的考虑。

管路布置与安装的一般遵循以下原则。

(1) 为了节省基础建设的费用，方便安装与检修，管路铺设应尽可能采用明线，且必须有一定的操作空间，个别管道（如上水总管、下水道和煤气管）可埋地铺设。

(2) 为了方便安装、检修与操作，并列管路上的管件和阀门一般需要互相错开。

(3) 管道的铺设应横平、竖直，各种管线应该尽量集中平行铺设，以便共用管架；铺设时要尽量走直线，少拐弯，少交叉，从而节省管材、减小阻力、整齐美观。

(4) 遇交叉管时，一般小管拐弯让大管，支管拐弯让主管，辅料管拐弯让主料管。

(5) 当管线穿过墙壁或楼板时，应当尽量集中在开设好的预留孔，并最好在管外添加保护套管，保护套管与管子的空隙应填充填料。

(6) 室内的管路安装应当尽量沿墙壁，管与管之间、管与墙壁之间一定要留出适当的操作空间来容纳活动接头、法兰，方便安装与检修。

(7) 竖管要设置管卡，横管要设置支架、吊架或钩钉。管路的跨距（管支架间的距离）要按规定铺设。

(8) 管路的倾斜度一般为0.3%～0.5%，对含有固体结晶或颗粒较大的物料管应大于或等于1/100。

(9) 管路离地面的高度要方便检修，但通过人行横道时，最低点距离地面不得小于2m，通过公路时不得小于4.5m，与铁路路轨净距离不得小于6m。

(10) 所有管路，尤其是输送腐蚀性介质的管路，在穿过通道时，不允许装设各种管件、阀门以及可拆卸的连接件，以防止滴漏而造成人身伤害。

(11) 平行管路的排列应当考虑管路之间的相互影响。垂直排列时，热介质管路在上，冷介质管路在下；高压管路在上，低压管路在下；无腐蚀介质管路在上，有腐蚀介质管路在下。水平排列时，低压管路在外，高压管路靠近墙柱；需经常检修的管路在外，不经常检修的管路靠墙柱；重量大的管路要靠管架或靠墙；衬橡胶管或聚氯乙烯塑料管应避开热的管路。

(12) 承载腐蚀性介质的管路法兰不得位于通道上方，以免泄漏发生危险。

(13) 输送易燃、易爆的物料时，由于在物料流动时常有静电产生而使管路成为带电体，为了防止管路的静电积聚，必须将管路接地。

(14) 由于季节温度的变化以及管路的工作温度与安装时的温度有差异，管材会产生热应力，过大的热应力将造成管路的变形弯曲，甚至破裂。当金属管线的介质温度在60℃以上并且长度超过50m时，就应当安装补偿器（伸缩器）以解决冷热变形的问题。补偿器的形式有很多，其中Ω形补偿器结构简单、容易制造，补偿能力大，是目前使用最广泛的一种。

(15) 蒸汽管路上，每隔一定距离应当安装冷凝水的排出阀门。

(16) 管路安装完毕后，必须进行强度和气密性试验；未经试验合格，在焊接及其他连接处不得涂漆和保温。

(17) 为了方便区分各种类型的管路，通常应在管路的保护层（底漆）或保温层表面涂以不同的颜色。

(18) 管路在第一次使用前或检修停车后需用压缩空气或惰性气体进行整体吹扫。

2.2.5 管路的防腐、保温、涂色及标志

(1) 管路的防腐

化工管路中输送的各种介质，大多是具有一定腐蚀性的。即使输送水、蒸汽、空气和油类的管路，有时也会受周围环境影响，对管路产生腐蚀。防止化工管路的腐蚀，从根本上来说要靠合理选择管路的材质来保证，对于具有特定腐蚀性介质的管路，选材料要从实际出发对耐腐蚀材料的性能、制造加工、安装施工以及日常检修等各个方面来进行综合、经济、合理的来考虑。

(2) 管路的保温

管路保温的目的是使管内介质在输送过程中，不被冷却、不被加热或不受外界温度的影响而改变介质的状态。管路保温可以采用保温材料包裹管外壁的方法，也可以用蒸汽夹套加热和用水及其他冷却剂进行冷却的结构。

(3) 化工管路的代号

输送液体和气体的管道分为23大类，其规定符号见表2-1。

表 2-1 液体与气体管路的代号

类别	名称	规定符号	类别	名称	规定符号	类别	名称	规定符号
1	上水管	S	9	煤气管	M	17	乙炔管	YI
2	下水管	X	10	压缩空气管	YS	18	二氧化碳管	E
3	循环水管	XH	11	氧气管	YQ	19	鼓风管	GF
4	化工管	H	12	氮气管	DQ	20	通风管	TF
5	热水管	R	13	氢气管	QQ	21	真空管	ZK
6	凝结水管	N	14	氩气管	YA	22	乳化剂管	BH
7	冷冻水管	L	15	氨气管	AQ	23	油管	Y
8	蒸汽管	Z	16	沼气管	ZQ			

(4) 管路的涂色

为了区别不同类型的管道，通常用不同颜色的颜料涂在管道的保护层表面。有的涂单色，也有的在底色上添加色圈，色圈宽度为 50～100mm。管路的涂色一般由输送物料而定：主要物料管为红色，水管为绿色，空气为蓝色，放空、有毒及危险物品为黄色。化工厂常用的涂色见表 2-2。

表 2-2 物料管线的颜色对照

类别	管线名称	颜色	类别	管线名称	颜色
1	重油线	深灰色	9	酸碱线	正黄色
2	轻油线	银白色	10	氨线	橘黄色
3	瓦斯线	银白色	11	软化水、消防水	绿色
4	蒸汽线	浅灰色	12	氧气线	天蓝色
5	工业水、井水、循环水	绿色	13	消防线、紧急放空线	中红色
6	冷冻水	淡绿色	14	热循环水	暗红色
7	氢气	深绿色	15	低压(中压、高压)蒸汽	红色
8	氮气(高压、低压)	黄色	16	压缩空气	深蓝色

(5) 管路的标志

在化工厂中往往将管路外壁（或保温层外面）涂以各种不同颜色的材料，涂料除用来保护管路外壁不受环境大气腐蚀外，同时也用来区别化工管路的类别，使人们知道管内输送的是什么介质，这样既有利于生产中的工艺检查，又可避免在管路检修中的错乱和混淆。

2.3 实训原理

很多行业乃至日常生活，凡是涉及流体的都离不开管路系统。通过对管路系统的基本组件（如管件、仪表、阀门、泵等）的认知、辨识、安装、拆卸来了解基本构成，加深对其功能的认识，以利于对流体流动过程和流体输送机械理论知识的理解与掌握。

2.4 实训设备

装置主体尺寸：3800mm×800mm×2200mm（长×宽×高），喷漆槽钢底座。

离心清水泵：IS50-32-125 型，流量 12.5m^3/h，扬程 28m，效率 60%，功率 1.12kW，必需汽蚀余量 2.0m。

各类管件、仪表：截止阀、闸阀、安全阀、球阀、过滤器、波纹管、水槽、三通、转子流量计、压力表。

管路拆装工具及用途见表 2-3。

表 2-3 管路拆装工具及用途

序号	工具	数量	规格(螺纹)	用途
1	扳手	1	19-19(mm)	两端拧转相同规格的螺栓或螺母
2	扳手	1	22-19(mm)	用以拧转一定尺寸的螺母或螺栓

续表

序号	工具	数量	规格(螺纹)	用途
3	扳手	1	22-22(mm)	两端拧转相同规格的螺栓或螺母
4	活扳手	1	250×30	开口宽度可在一定尺寸范围内进行调节,能拧转不同规格的螺栓或螺母
5	活扳手	1	300×36	开口宽度可在一定尺寸范围内进行调节,能拧转不同规格的螺栓或螺母
6	管钳	1	—	钳管子
7	手套	1	—	保护手,便于操作
8	剪刀	1	—	剪切垫片等
9	生料带	1	—	密封材料,增强管道连接处的密闭性

2.5 实训流程

装置组装完成后为一水循环系统。水泵将水由水箱吸出，流经不锈钢过滤网、不锈钢软管、不锈钢闸阀吸入泵内并由出口送出，经截止阀、玻璃转子流量计沿不锈钢抛光管流回水箱。管路拆装工艺流程如图 2-2 所示。

2.6 实训步骤

2.6.1 管路拆卸操作具体步骤

(1) 将系统电源切断（确保不带电操作），打开排空阀，将管内的积液排空。

(2) 按照由上至下的顺序将管路器件拆下，其中需注意：

① 拆卸时要注意安全，通过团队合作完成任务；

② 拆卸时不能损坏仪表、阀门等器件；

③ 拆卸时按一定顺序并排放置拆下的器件，避免重叠；

④ 拆卸顺序一般是由上至下、先简单后复杂。

(3) 拆卸后对管件阀门进行分类编号，便于清点。

(4) 将使用工具放在正确的位置。

2.6.2 管路安装操作具体步骤

(1) 安装前要读懂管路工艺流程图。

(2) 安装时要按照一定的顺序进行，避免漏装或错装，特别需注意：

① 阀门、玻璃转子流量计；

② 活接、法兰的密封；

③ 压力表的量程选择。

(3) 安装后对系统进行开车检查，发现泄漏处及时采取措施，操作时需注意：

① 对照工艺流程图进行检查，确认安装无误；

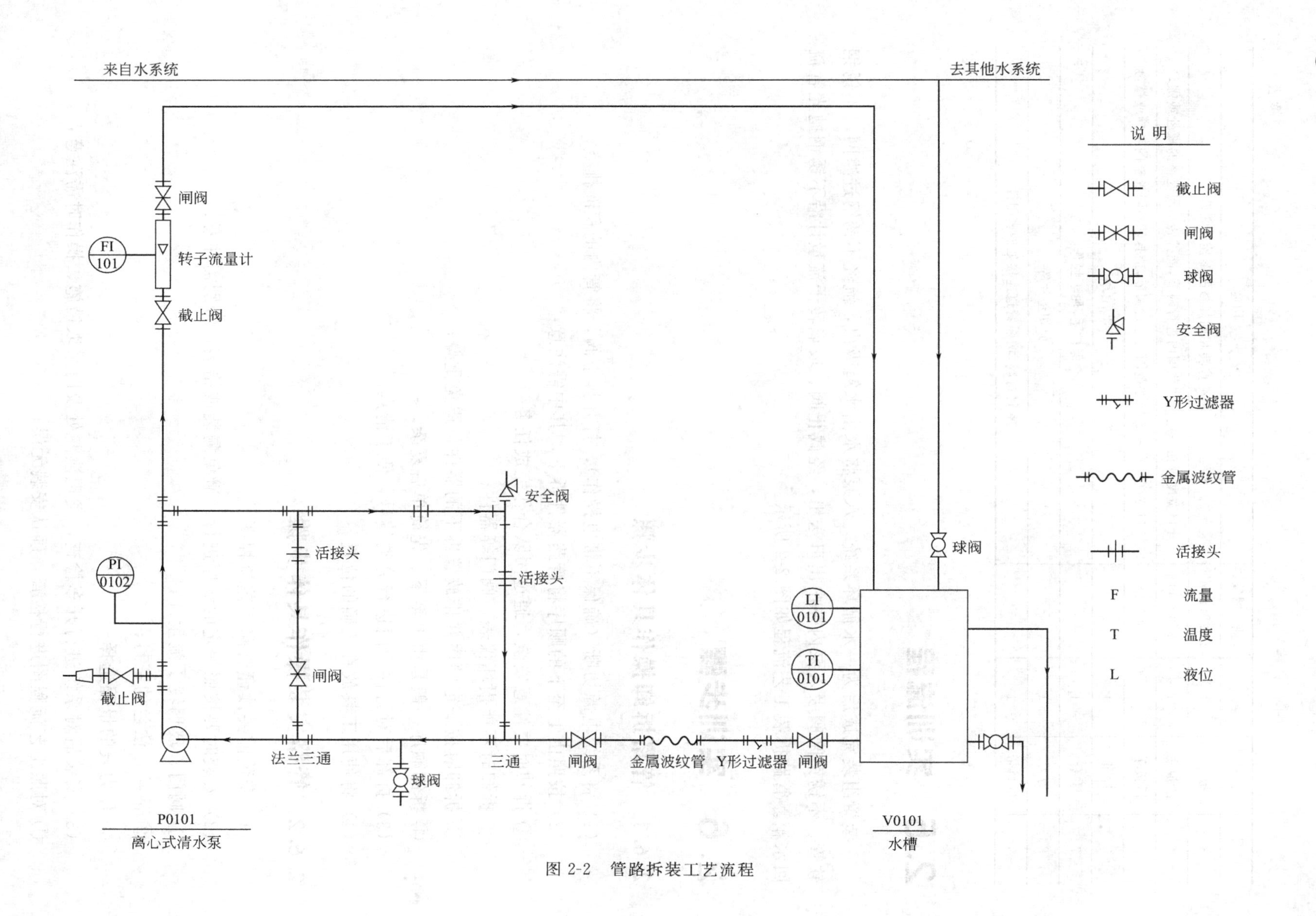

图 2-2 管路拆装工艺流程

② 先将水箱注入一定量的水（约 2/3 容积）后再开车检验；

③ 由水箱最近处开始检查有无漏水现象，系统运行是否正常；

④ 检查仪表是否正常工作、显示无误。

（4）完成试验后停车，切断电源。

（5）将水箱中剩余液体及管路积液排空。

（6）将工具放回原处，清理卫生。

2.6.3 注意事项

（1）安全第一，无论拆卸、安装，事先一定要确认断电状态方可操作；

（2）无论手持工具还是管件，一定要注意不要碰到他人，同时还必须注意不要掉落，砸伤自己或他人。

2.6.4 管路拆装实训常见故障及处理方法

化工厂一般都具有跑、冒、滴、漏的特点。泄漏是化工厂的一大隐患，泄漏可引起火灾、爆炸、腐蚀（设备、仪表、建筑、人员等）、物料损失、环境污染、噪声等。化工管路在运行过程中，除了泄漏，往往还有可能发生堵塞等故障。所以，在生产过程中，要经常检查，及时排除事故隐患。表 2-4 列出了管路常见故障及处理方法。

表 2-4 管路常见故障及处理方法

常见故障	原因	处理方法
管泄漏	①裂纹 ②空洞(管内外腐蚀、磨损) ③焊接不良	装旋塞;缠带;打补丁;箱式堵漏;更换
管路堵塞或流量小	①杂志堵塞 ②阀不能开启	连接旁路,设法清除管路杂质或更换管段;检查阀盘与阀杆;更换阀部件;更换阀门
管振动	①流体脉动 ②机械振动	用管支撑固定或撤掉管支撑,但必须保证强度
弯曲管	管支架不良	调整管支撑
法兰泄漏	①螺栓松动 ②密封垫片损坏 ③法兰有砂眼	紧固螺栓、更换螺栓;更换密封垫片;更换法兰
阀泄漏	①压盖填料不良,杂质附着在其表面 ②阀不能关闭(内漏) ③阀体有砂眼	紧固填料函;更换压盖填料;更换阀部件;更换阀门

2.7 思考题

（1）简述闸阀、单向阀（止逆阀）、安全阀等主要阀门的功能、用途、优缺点。

（2）何为管路的补偿？长直管的管路的主要补偿方式是什么？

（3）何为公称直径？何为公称压力？

（4）法兰连接的注意事项有哪些？

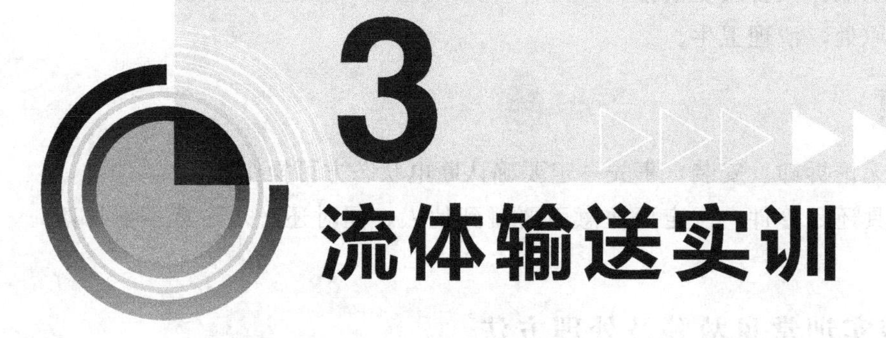

3 流体输送实训

3.1 实训任务

(1) 掌握流体输送各部件的作用、流体输送的结构和特点、流体输送的工作流程；

(2) 掌握流体输送中离心泵输送、旋涡泵输送、真空输送及压力等输送方式的特点及优缺点；

(3) 掌握流体输送的基本操作、调节方法，流体输送的主要影响因素；

(4) 掌握流体输送中常见异常现象及处理方法；

(5) 能正确使用设备、仪表，及时进行设备、仪器、仪表的维护与保养；

(6) 学会做好开车前的准备工作及停车后的处理工作；

(7) 能正常开车、停车，按要求操作调节到指定数值；

(8) 能及时掌握设备的运行情况，随时发现、正确判断、及时处理各种异常现象，特殊情况能进行紧急停车操作；

(9) 能掌握现代信息技术管理能力，能应用计算机对现场数据进行采集、监控；

(10) 能完成流体流动阻力特性测定、离心泵特性曲线测定、流量计校核等实训；

(11) 能完成离心泵串、并联实训；

(12) 能发现和处理离心泵汽蚀、气缚等故障；

(13) 能正确填写生产记录，及时分析各种数据；

(14) 掌握工业现场生产安全知识。

3.2 基本原理

3.2.1 流体流动阻力特性测定

流体在管内流动时，由于黏性剪应力和涡流的存在，不可避免地要消耗一定的机械能，这种机械能的消耗包括流体流经直管的沿程阻力和因流体运动方向改变所引起的局部阻力。

(1) 沿程阻力

流体在水平均匀管道中稳定流动时，阻力损失表现为压力降低。即：

$$h_f=\frac{p_1-p_2}{\rho}=\frac{\Delta p}{\rho} \tag{3-1}$$

雷诺数计算公式：

$$Re=\frac{du\rho}{\mu}=\frac{4Q\rho}{3600d\mu\pi} \tag{3-2}$$

影响阻力损失的因素很多，尤其对湍流流体，目前尚不能完全用理论方法求解，必须通过实验研究其规律。为了减少实验工作量，使实验结果具有普遍意义，必须采用因次分析方法将各变量综合成准数关联式。根据因次分析，影响阻力损失的因素有以下：

① 流体性质　密度 ρ，黏度 μ；

② 管路的几何尺寸　管径 d，管长 l，管壁粗糙度 ε；

③ 流动条件　流速 u。

可表示为：

$$\Delta p=f(d,l,\mu,\rho,u,\varepsilon) \tag{3-3}$$

组合成如下的无因次式：

$$\frac{\Delta p}{\rho u^2}=\varphi\left(\frac{du\rho}{\mu},\frac{l}{d},\frac{\varepsilon}{d}\right) \tag{3-4}$$

$$\frac{\Delta p}{\rho}=\varphi\left(\frac{du\rho}{\mu},\frac{\varepsilon}{d}\right)\cdot\frac{l}{d}\cdot\frac{u^2}{2} \tag{3-5}$$

令：

$$\lambda=\varphi\left(\frac{du\rho}{\mu}\cdot\frac{\varepsilon}{d}\right)$$

则：

$$h_f=\frac{\Delta p}{\rho}=\lambda\ \frac{l}{d}\frac{u^2}{2}$$

$$\lambda=\frac{2h_f d}{lu^2}=\frac{\Delta p d^5\pi^2}{8\rho l(Q/3600)^2}=\frac{1620000\Delta p d^5\pi^2}{\rho l Q^2}$$

式中 Δp——压降，Pa；

h_f——直管阻力损失，J/kg；

ρ——流体密度，kg/m^3；

λ——直管摩擦系数，无量纲量；

l——直管长度，m；

d——直管内径，m；

u——流体流速，由实验测定，m/s；

λ——称为直管摩擦系数。滞流（层流）时，$\lambda=64/Re$；湍流时 λ 是雷诺准数 Re

和相对粗糙度的函数，须由实验确定；

Q——流体流量，m^3/h。

（2）局部阻力

局部阻力通常有两种表示方法，即当量长度法和阻力系数法。

① 当量长度法　流体流过某管件或阀门时，因局部阻力造成的损失，相当于流体流过与其具有相当管径长度的直管阻力损失，这个直管长度称为当量长度，用符号 le 表示。这样，就可以用直管阻力的公式来计算局部阻力损失，而且在管路计算时，可将管路中的直管长度与管件、阀门的当量长度合并在一起计算，如管路中直管长度为 l，各种局部阻力的当量长度之和为$\sum le$，则流体在管路中流动时的总阻力损失为$\sum h_f=\lambda\frac{l+\sum le}{d}\frac{u^2}{2}$。

② 阻力系数法　流体通过某一管件或阀门时的阻力损失用流体在管路中的动能系数来表示，这种计算局部阻力的方法，称为阻力系数法。即：

$$h'_f=\xi\frac{u^2}{2} \tag{3-6}$$

式中　ξ——局部阻力系数，无量纲量；

u——在小截面管中流体的平均流速，m/s。

由于管件两侧距测压孔间的直管长度很短，引起的摩擦阻力与局部阻力相比，可以忽略不计。因此 h_f之值可应用柏努利方程由压差计读数求取。

表 3-1 为测试长度表。

表 3-1　测试长度表

名称	材质	管内径/mm		测试段长度/m
		装置(1)	装置(2)	
光滑管	不锈钢食品管	0.277	0.277	1.5
粗糙管	镀锌铁管	0.262	0.262	1.5
局部阻力	闸阀	—	—	—
弯头阻力	弯头	—	—	—

3.2.2　离心泵特性曲线测定实训

离心泵的特性曲线是选择和使用离心泵的重要依据之一，其特性曲线是在恒定转速下泵的扬程 H、轴功率 N 及效率 η 与泵的流量 V 之间的关系曲线，它是流体在泵内流动规律的宏观表现形式。由于泵内部流动情况复杂，不能用数学方法计算这一特性曲线，只能依靠实验测定。

（1）扬程 H 的测定与计算

在泵进、出口取截面列柏努利方程：

$$H=\frac{p_2-p_1}{\rho g}+Z_2-Z_1+\frac{u_2^2-u_1^2}{2g} \tag{3-7}$$

式中　p_1，p_2——泵进、出口的压力，Pa；

ρ——流体密度，kg/m^3；

u_1，u_2——泵进、出口的流量，m^3/s；

g——重力加速度，m/s^2。

当泵进、出口管径一样，且压力表和真空表安装在同一高度，式（3-7）简化为：

$$H=\frac{p'_2-p'_1}{\rho g} \tag{3-8}$$

式中 p'_2——泵出口压力表读数（表压），Pa；

p'_1——泵进口真空表读数（负表压值），Pa。

由式（3-8）可知：只要直接读出真空表和压力表上的数值，就可以计算出泵的扬程。

（2）轴功率 N 的测量与计算

$$N=0.7W \tag{3-9}$$

式中 N——泵的轴功率，W；

W——电机功率，W 由功率表读出。

（3）效率 η 的计算

泵的效率 η 是泵的有效功率 Ne 与轴功率 N 的比值。有效功率 Ne 是单位时间内流体自泵得到的功，轴功率 N 是单位时间内泵从电机得到的功，两者差异反映了水力损失、容积损失和机械损失的大小。

泵的有效功率 Ne 可用下式计算：

$$Ne=HV\rho g \tag{3-10}$$

故：

$$\eta=Ne/N=HV\rho g/N \tag{3-11}$$

（4）转速改变时的换算

泵的特性曲线是在指定转速下的数据，就是说在某一特性曲线上的一切实验点，其转速都是相同的。但是，实际上感应电动机在转矩改变时，其转速会有变化，这样随着流量的变化，多个实验点的转速将有所差异，因此在绘制特性曲线之前，须将实测数据换算为平均转速下的数据。流量 V、扬程 H、轴功率 N、效率 η 的换算关系如下：

$$V'=V\frac{n'}{n} \tag{3-12}$$

$$H'=H\left(\frac{n'}{n}\right)^2 \tag{3-13}$$

$$N'=N\left(\frac{n'}{n}\right)^3 \tag{3-14}$$

$$\eta'=\frac{V'H'\rho g}{N'}=\frac{VH\rho g}{N}=\eta \tag{3-15}$$

式中 n——指定转速，r/min；

n'——实际转速，r/min；

V'——n'转速下的流量，m^3/s；

H——n 转速下的扬程，m；

N'——n'转速下的轴功率，N；

H'——n'转速下的扬程，m。

3.2.3 流量计校核实训

流体通过节流式流量计时在流量计上、下游两取压口之间产生压力差，它与流量有如下关系：

$$V_s=CA_0\sqrt{\frac{2(p_{上}-p_{下})}{\rho}} \tag{3-16}$$

采用正U形管压差计测量压差时，流量 V_s 与压差计读数 R 之间关系有：

$$V_s=CA_0\sqrt{\frac{2gR(\rho_A-\rho)}{\rho}} \tag{3-17}$$

式中 V_s——被测流体（水）的体积流量，m^3/s；

C——流量系数（或称孔流系数），无量纲量；

A_0——流量计最小开孔截面积，m^2，$A_0=(\pi/4)d_0^2$；

$p_{上}-p_{下}$——流量计上、下游两取压口之间的压差，Pa；

ρ——水的密度，kg/m^3；

ρ_A——U形管压差计内指示液的密度，kg/m^3；

R——U形管压差计读数，m。

式（3-17）也可以写成如下形式：

$$C=\frac{V_s}{A_0\sqrt{\frac{2gR(\rho_A-\rho)}{\rho}}} \tag{3-18}$$

若采用倒置U形管测量压差：

$$p_{上}-p_{下}=gR\rho$$

流量系数 C 与流量的关系为：

$$C=\frac{V_s}{A_0\sqrt{2gR}} \tag{3-19}$$

用体积法测量流体的流量 V_s，可由下式计算：

$$V_s=\frac{V}{10^3\times\Delta t} \tag{3-20}$$

$$V=\Delta hA \tag{3-21}$$

式中 V_s——水的体积流量，m^3/s；

Δt——计量桶接受水所用的时间，s；

A——计量桶计量系数；

Δh——计量桶液面计终了时刻与初始时刻的高度差，mm，$\Delta h=h_2-h_1$；

V——在 Δt 时间内计量桶接受的水量，L。

改变一个流量在压差计上有一对应的读数，将压差计读数 R 和流量 V_s 绘制成一条曲线即流量标定曲线。整理数据可进一步得到流量系数 C～雷诺数 Re 的关系曲线。

$$Re=\frac{du\rho}{\mu} \tag{3-22}$$

式中 d——管直径，m；

u——水在管中的流速，m/s。

3.3 流体输送实训装置介绍

3.3.1 装置介绍

实训装置包括流体输送对象、控制柜、上位机等，并配备数据监控采集软件、数据处理软件等。

流体输送对象包括离心泵、原料罐、真空机组、电动调节阀、空压机、涡轮流量计、玻璃转子流量计、压力传感器、霍尔开关、旋涡泵、离心泵、压力表、差压变送器、现场仪表等。

3.3.2 流体输送对象主要设备配置单

流体输送对象主要设备配置单见表 3-2。

表 3-2 流体输送对象主要设备配置单

1. 主要静设备		
序号	位号	名称
1	V101	清水储罐
2	V102	高位罐
3	V103	真空罐
4	V104	压缩空气缓冲罐
2. 主要动设备		
1	P101	1#离心泵
2	P102	2#离心泵
3	P103	旋涡泵
4	P104	真空喷射机组
5	P105	空气压缩机

3.3.3 工艺流程

工艺流程如图 3-1 所示。

3.3.4 装置仪表及控制系统一览表

表 3-3 为装置仪表及控制系统一览表。

表 3-3　装置仪表及控制系统一览表

位号	仪表用途	仪表位置	规格
PI101	1#离心泵出口压力	就地	压力表
PI102	1#离心泵进口真空度	就地	压力表
PI103	2#离心泵出口压力	就地	压力表
PI104	2#离心泵进口真空度	就地	压力表
PI105	清水灌上部压力	就地	压力表
PI106	压缩空气缓冲灌上部压力	就地	压力表
PI107	真空罐顶部真空表	就地	压力表
PT101	1#离心泵进口真空度传感器	集中	压力变送器
PT102	1#离心泵出口压力传感器	集中	压力变送器
FT101	涡轮流量计流量	集中	流量传感器
FT102	孔板流量计流量	集中	流量传感器
FI103	2#离心泵流量	就地	流量计
FI104	漩涡泵流量	就地	流量计
FI105	压力及真空输送流量	就地	流量计
LT101	液位罐液位传感器	集中	液位变送器
OPIT101	压力传感器	集中	压力变送器

3.4 实训步骤

3.4.1 开机准备

(1) 检查公用工程水电是否处于正常供应状态（水压、水位是否正常、电压、指示灯是否正常）。

(2) 检查清水罐水位是否够达到 2/3 的位置（到达视镜的可视范围）。

(3) 检查总电源的电压情况是否良好（三相电正常，均为 380V）。

3.4.2 正常开机

(1) 开启电源

① 在仪表操作台上，开启总电源开关，此时总电源指示灯亮。

② 开启仪表电源开关，此时仪表电源指示灯亮，且仪表上电。

(2) 开启计算机启动监控软件

① 打开计算机电源开关，启动计算机。

② 在桌面上双击“流体输送实训软件”，进入 MCGS（Monitor and Control Generated System，监视与控制通用系统）组态环境，如图 3-2 所示。

③ 单击菜单“文件\进入运行环境”或按“F5”进入运行环境，如图 3-3 所示，输入班级、姓名、学号后，单击“确认”，出现如图 3-4 所示界面，进入流体输送单元操作

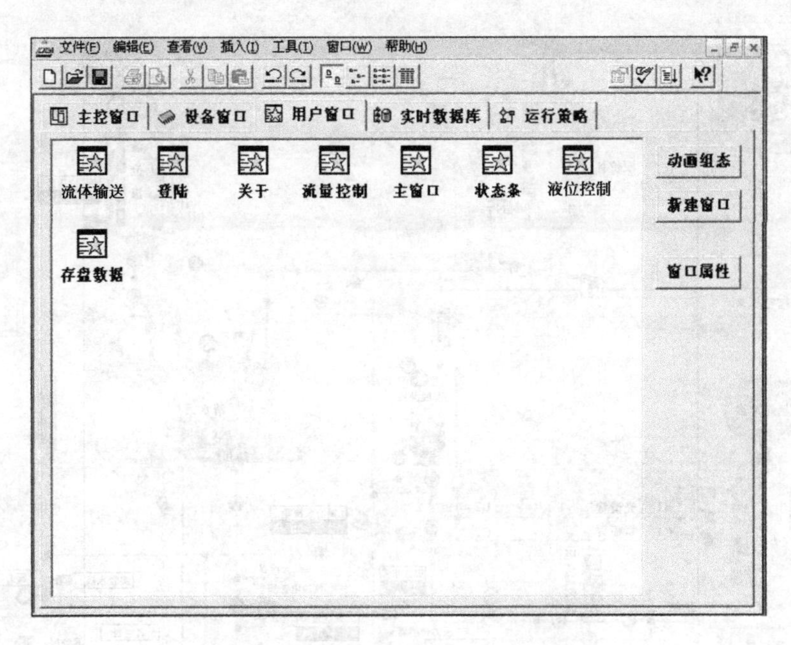

图 3-2 流体输送实训 MCGS 组态环境

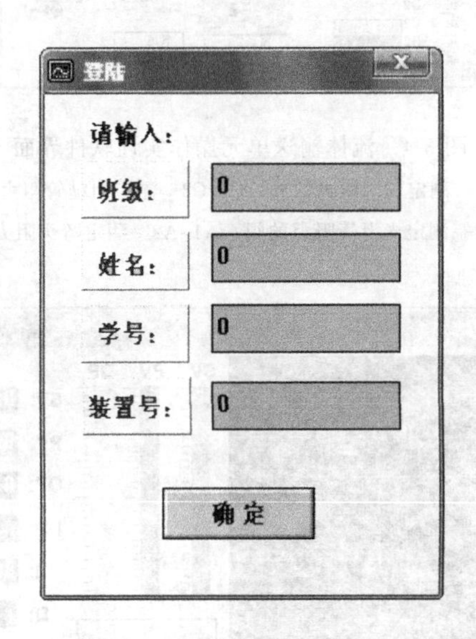

图 3-3 监控软件登录界面

实训软件界面，如图 3-5 所示，监控软件就启动起来了。

④ 图 3-4 和图 3-5 中，PV 表示实际测量值、SV 表示设定值、OP 表示仪表控制输出值；“控制设置”将打开控制界面，如图 3-6 所示，可对控制的 PID 参数进行设置，一般不设置。

(3) 离心泵流量控制实训

① 检查各阀门的开关状态，并打开阀 HV0101、HV0102、HV0107、HV0109、HV0110、HV0111、HV0112 及高位灌放空阀 HV0113；打开清水罐上的放空阀 HV0126；关闭阀 HV0103、HV0104、HV0105、HV0106、HV0108。

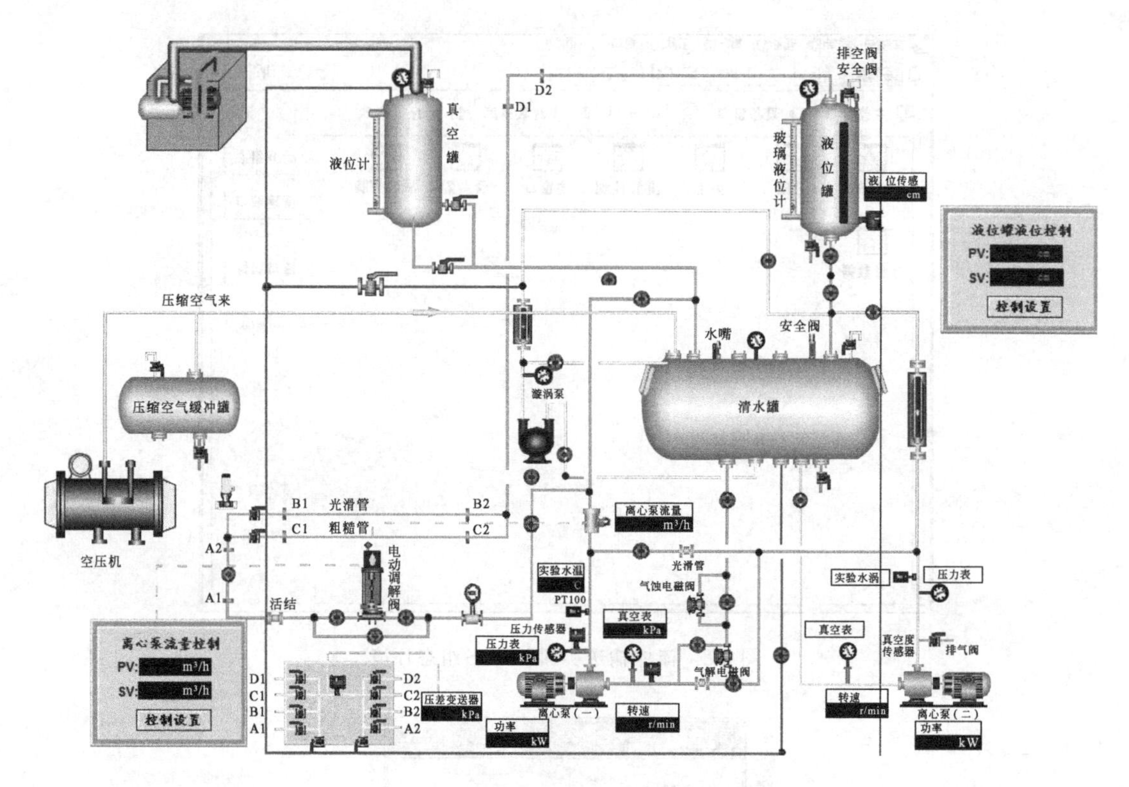

图 3-4　流体输送单元操作实训软件界面

D1,D2—测定阀门阻力的阀；C1,C2　测定粗糙管阻力的阀；
B1,B2—测定光滑管阻力的阀；A1,A2—测定弯头阻力的阀

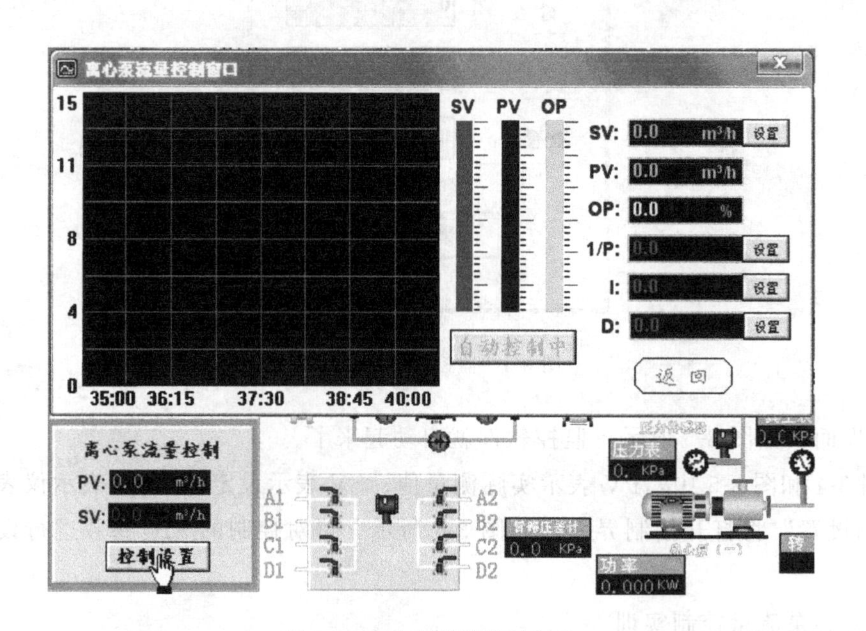

图 3-5　离心泵流量控制窗口

A1,A2—测定阀门阻力的阀；B1,B2—测定粗糙管阻力的阀；
C1,C2—测定光滑管阻力的阀；D1,D2—测定弯头阻力的阀

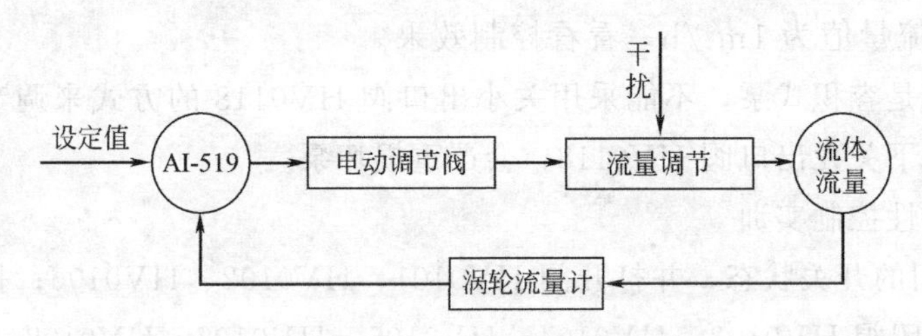

图 3-6 1♯离心泵流量控制结构图

② 在仪表台上打开"电动调节阀电源开关"，开启调节阀电源。

③ 在仪表台上按"1♯离心泵启动"按钮，启动离心泵，打开阀 HV0103。

④ 在仪表台上设定"1♯离心泵流量手自动调节仪"设定值，设定到需要调节的流量，如 $3m^3/h$，调节阀会自动调节到设定的流量（若离心泵流量调节不稳，则按"参数整定"按钮，对控制的 P、I、D 参数进行设置，让控制更快更好；本实训中的 P、I、D 参数一般设定为 100、20、1）。

⑤ 改变一个流量设定值 $4m^3/h$，看看控制效果。

（4）高位液位罐液位控制实训

① 如图 3-7 所示，检查各阀门的开关状态，并打开阀 HV0101、HV0102、HV0107、HV0109、HV0110、HV0111、HV0112 及高位灌放空阀 HV0113；打开清水罐上的放空阀 HV0126；关闭阀 HV0103、HV0104、HV0105、HV0106、HV0108。

② 在仪表台上打开"电动调节阀电源开关"，开启调节阀电源。

③ 在仪表台上按"1♯离心泵启动"按钮，启动离心泵，打开阀 HV0103。

④ 在仪表台上设定"高位罐液位手自动调节仪"设定值，设定到需要调节的液位，如 30cm，调节阀会自动调节到设定的液位（若离心泵液位调节不稳，则按"参数整定"按钮，对控制的 P、I、D 参数进行设置，让控制更快更好；本实验中的 P、I、D 参数一般设定为 200、20、1）。

⑤ 改变一个液位设定值 50cm，看看控制效果。

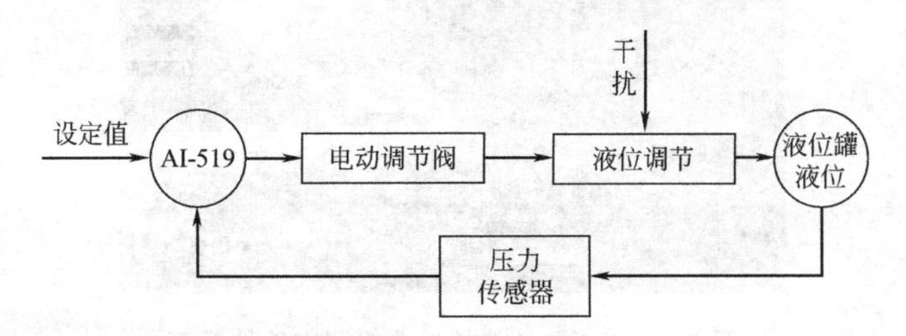

图 3-7 高位罐液位控制结构图

（5）旋涡泵流量控制实训

① 检查各阀门的开关状态，完全打开阀 HV0116、HV0117、HV0118 及清水罐的放空阀 HV0106。

② 在仪表台上按"旋涡泵电源启动"按钮，启动旋涡泵电源。

③ 通过调节阀 HV0117，采用分流的方式对旋涡泵进行流量控制。

④ 调整一个流量值为 1m³/h，看看控制效果。

注意：旋涡泵是容积式泵，不能采用关小出口阀 HV0118 的方式来调节流量，更不能在开启旋涡泵的情况下关死出口阀 HV0118，会严重损坏泵。

（6）离心泵特性控制实训

① 检查各阀门的开关状态，并打开阀 HV0101、HV0102、HV0106；打开清水罐上的放空阀 HV0126；关闭阀 HV0103、HV0104、HV0105、HV0107、HV0108。

② 在桌面上双击"离心泵特性曲线测定实验软件"，进入 MCGS 组态环境，如图 3-8 所示。

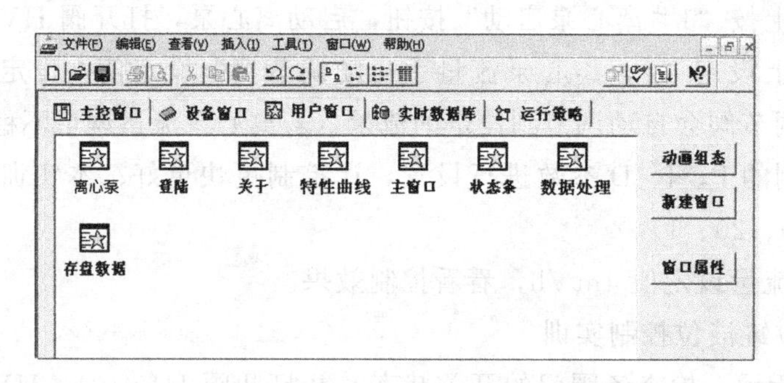

图 3-8 离心泵特性曲线测定 MCGS 组态环境

③ 单击菜单"文件 \ 进入运行环境"或按"F5"进入运行环境，输入班级、姓名、学号、装置号后，单击"确认"，出现如图 3-9 所示界面，进入实训软件界面，监控软件就启动起来了。

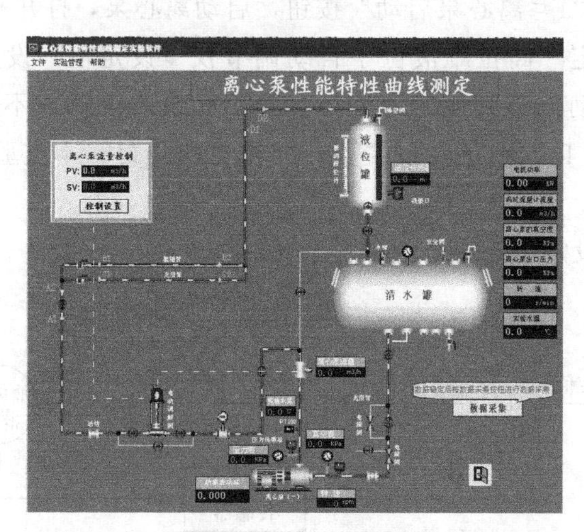

图 3-9 离心泵性能特性曲线测定软件界面

④ 在仪表台上按"1♯离心泵启动"按钮，启动离心泵，打开阀 HV0103。

⑤ 通过调节阀 HV0106，调节离心泵流量，开始操作。

⑥ 流量建议从大到小依次调节，首先调节到最大流量，待稳定后，按仿真监控软件界面上的"数据采集"按钮，采集数据，采集该流量下的离心泵的流量、真空度、出口压力、流体温度、转速、功率等；改变一个流量（如 5m³/h），同样等数据稳定后进行数据采集。同理改变流量，采集相应的数据，流量改变幅度建议每次减小 0.5m³/h。

⑦ 重复“⑥”步骤，每改变一组流量，采集离心泵的参数，建议至少采集 5 组参数。此时，数据采集完成；退出“离心泵特性曲线测定软件”。

⑧ 在桌面上双击“离心泵性能特性曲线测定”数据处理软件进入图 3-10 画面。

图 3-10 输入密码界面

⑨ 左键单击“确定”，进入图 3-11 画面。

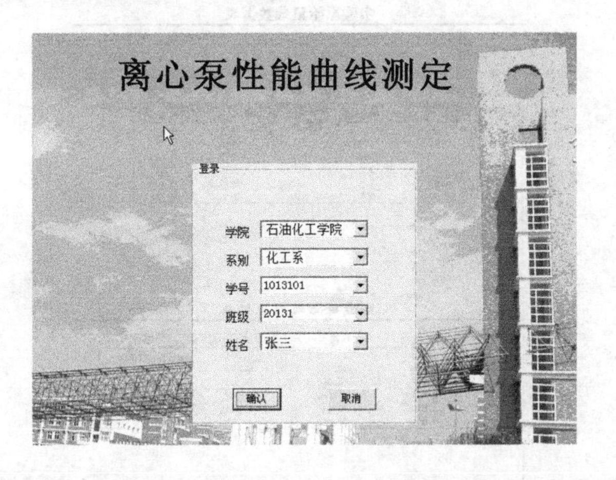

图 3-11 信息填写界面

⑩ 填写学院、系别、学号、班级、姓名，左键单击“确定”，进入图 3-12 画面。

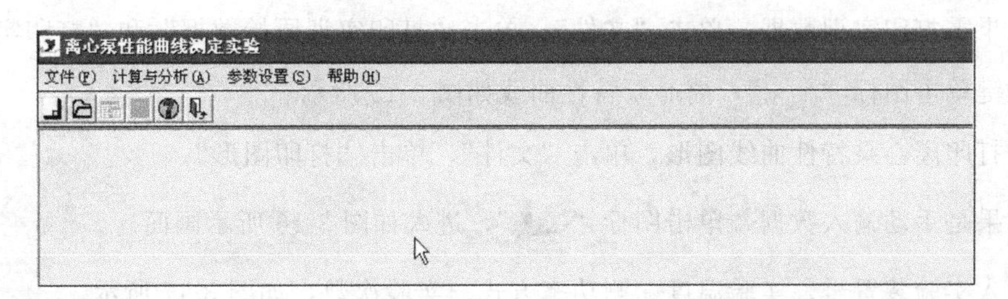

图 3-12 实训软件界面

⑪ 此时是自动采集数据，单击打开图标“”，打开刚做的实验进入图 3-13 画面。

⑫ 左键单击图标“”，计算结果如图 3-14 所示。

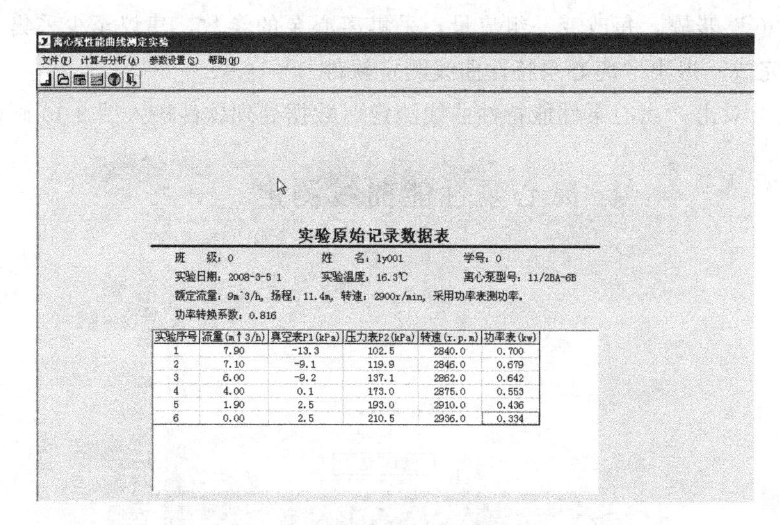

实验原始记录数据表

班　级：0　　姓　名：ly001　　学号：0

实验日期：2008-3-5 1　　实验温度：16.3℃　　离心泵型号：11/2BA-6B

额定流量：9m`3/h，扬程：11.4m，转速：2900r/min，采用功率表测功率。

功率转换系数：0.816

实验序号	流量(m↑3/h)	真空表P1(kPa)	压力表P2(kPa)	转速(r.p.m)	功率表(kw)
1	7.90	-13.3	102.5	2840.0	0.700
2	7.10	-9.1	119.9	2846.0	0.679
3	6.00	-9.2	137.1	2862.0	0.642
4	4.00	0.1	173.0	2875.0	0.553
5	1.90	2.5	193.0	2910.0	0.436
6	0.00	2.5	210.5	2936.0	0.334

图 3-13　打开文件界面

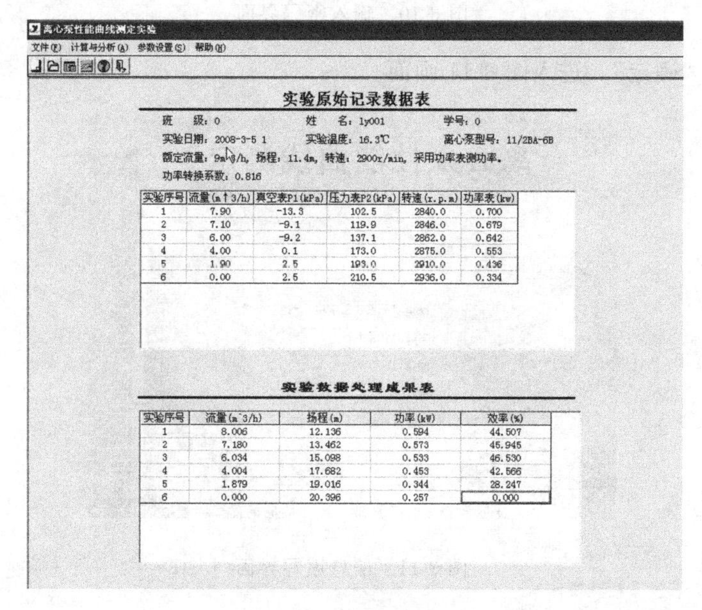

实验原始记录数据表

班　级：0　　姓　名：ly001　　学号：0

实验日期：2008-3-5 1　　实验温度：16.3℃　　离心泵型号：11/2BA-6B

额定流量：9m`3/h，扬程：11.4m，转速：2900r/min，采用功率表测功率。

功率转换系数：0.816

实验序号	流量(m↑3/h)	真空表P1(kPa)	压力表P2(kPa)	转速(r.p.m)	功率表(kw)
1	7.90	-13.3	102.5	2840.0	0.700
2	7.10	-9.1	119.9	2846.0	0.679
3	6.00	-9.2	137.1	2862.0	0.642
4	4.00	0.1	173.0	2875.0	0.553
5	1.90	2.5	193.0	2910.0	0.436
6	0.00	2.5	210.5	2936.0	0.334

实验数据处理成果表

实验序号	流量(m`3/h)	扬程(m)	功率(kW)	效率(%)
1	8.006	12.136	0.594	44.507
2	7.180	13.462	0.573	45.945
3	6.034	15.098	0.533	46.530
4	4.004	17.682	0.453	42.566
5	1.879	19.016	0.344	28.247
6	0.000	20.396	0.257	0.000

图 3-14　计算结果界面

⑬ 如果需打印实训数据，单击“文件”，单击“打印实训原始数据”和“打印实训结果”。

⑭ 左键单击图标“　”，离心泵特性曲线如图 3-15 所示。

⑮ 需打印离心泵特性曲线图形，单击“文件”，单击“打印图形”。

⑯ 如果是手动输入数据，单击图标“　”，进入如图 3-16 所示画面。

⑰ 输入实验装置号、实验温度、测功率方式、实验次数，如图 3-17 所示。

⑱ 输入测量的数据，左键单击“确定”，进入如图 3-18 所示；其他操作与自动采集数据一致。

（7）流体流动阻力曲线测定实训

① 检查各阀门的开关状态，并打开阀 HV0101、HV0102、HV0107、HV0109、

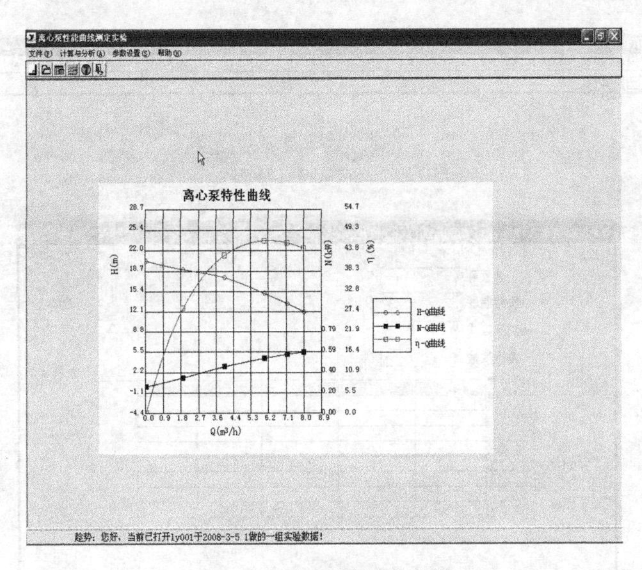

图 3-15 离心泵特性曲线

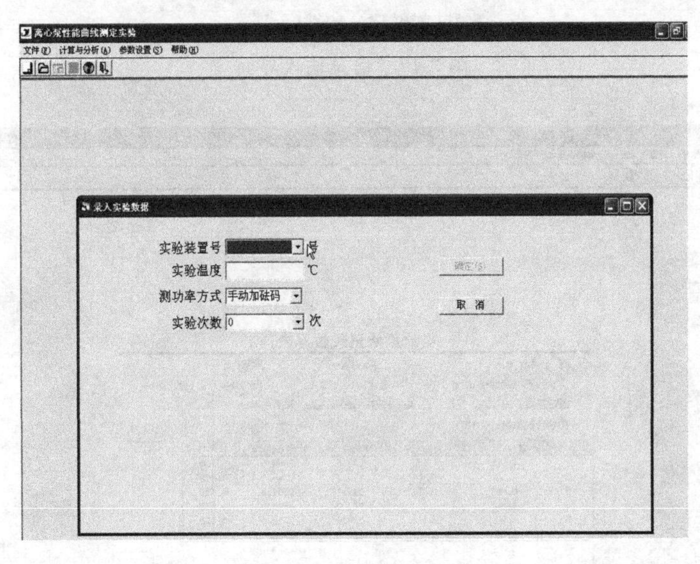

图 3-16 数据输入界面

HV0110、HV0111、HV0112 及高位灌放空阀 HV0113；打开清水罐上的放空阀 HV0126；关闭阀 HV0103、HV0104、HV0105、HV0106、HV0108。

② 在仪表台上打开“电动调节阀电源开关”，开启调节阀电源。

③ 在桌面上双击“流体流动阻力测定实验软件”，进入 MCGS 组态环境，如图 3-19 所示。

④ 单击菜单“文件 \ 进入运行环境”或按“F5”进入运行环境，输入班级、姓名、学号后，单击“确认”，进入实训软件界面（图 3-20），监控软件就启动起来了。

⑤ 在仪表台上按“1＃离心泵启动”按钮，启动离心泵，打开阀 HV0103。

⑥ 做光滑管阻力实验：打开如图 3-21 所示的 C1、C2 阀门，并对压差变送器进行排气，排完气关好排气阀门。

图 3-17　信息输入界面

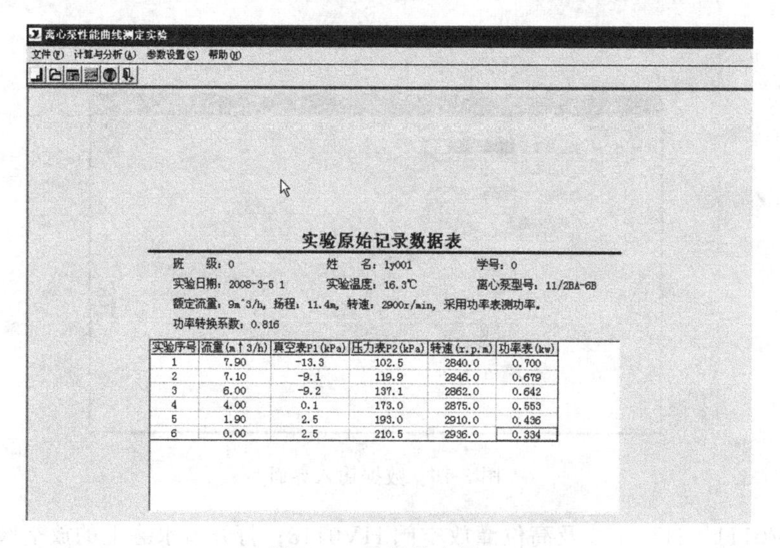

实验原始记录数据表

班　级：0　　姓　名：ly001　　学号：0

实验日期：2008-3-5 1　　实验温度：16.3℃　　离心泵型号：11/2BA-6B

额定流量：9m^3/h，扬程：11.4m，转速：2900r/min，采用功率表测功率。

功率转换系数：0.816

实验序号	流量(m↑3/h)	真空表P1(kPa)	压力表P2(kPa)	转速(r.p.m)	功率表(kw)
1	7.90	-13.3	102.5	2840.0	0.700
2	7.10	-9.1	119.9	2846.0	0.679
3	6.00	-9.2	137.1	2862.0	0.642
4	4.00	0.1	173.0	2875.0	0.553
5	1.90	2.5	193.0	2910.0	0.436
6	0.00	2.5	210.5	2936.0	0.334

图 3-18　数据输出界面

⑦ 在仪表台上设定“1＃离心泵流量手自动调节仪”设定值，设定到需要调节的流量，流量从大到小调节，先设定 $3m^3/h$，待流量稳定后，各数值稳定时，按监控软件“数据采集”按钮，采集该流量下的光滑管压差及流体水温等。

⑧ 改变一组流量 $1\sim3m^3/h$ 之间，间隔流量 $0.5m^3/h$ 改变一个流量，待流量稳定后，各数值稳定时，按监控软件“数据采集”按钮，采集该流量下的光滑管阻力各参数。

⑨ 采集完光滑管实验数据，关闭阀 HV0112、打开阀 HV0111，做粗糙管实验。

⑩ 在仪表台上设定“流量手自动调节仪”设定值，设定到需要调节的流量，流量从大到小调节，先设定 $3m^3/h$，打开阀 B1、B2，打开压差变送器排气阀门，进行排气，排完气后关

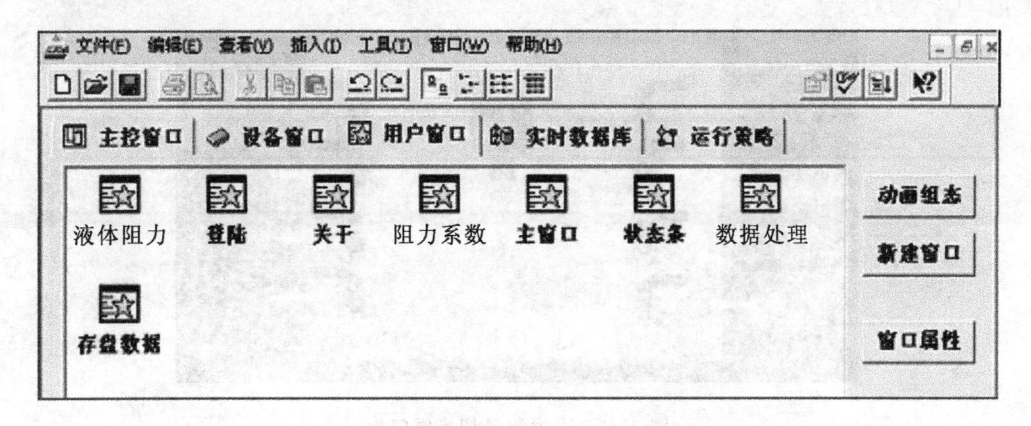

图 3-19 流体流动阻力测定 MCGS组态环境

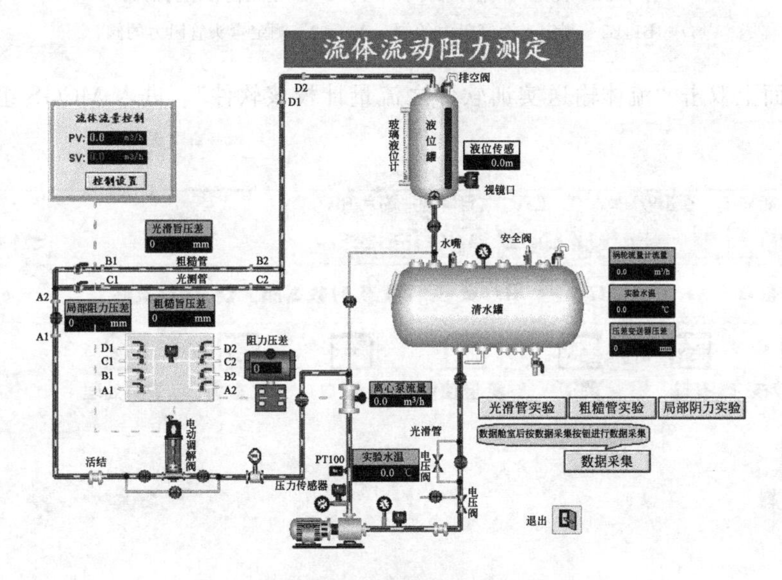

图 3-20 流体流动阻力测定软件界面

D1,D2—测定阀门阻力的阀；C1,C2—测定粗糙管阻力的阀；

B1,B2—测定光滑管阻力的阀；A1,A2—测定弯头阻力的阀

闭排气阀门，开始实验。

⑪ 在 1～3m^3/h 之间每隔流量 0.5m^3/h 调节一个流量，待数据稳定后，按“数据采集”按钮采集该流量下的粗糙管压差等参数；直到流量为 1 时，完成实验。

⑫ 同理，打开阀 D1、D2 做阀门局部阻力实验；打开阀 A1、A2 做弯头局部阻力实验。

⑬ 实验完成，在桌面上双击“流体流动阻力曲线测定实验”，进入数据处理软件，对实验数据进行处理。

（8）孔板流量计校核实训

① 检查各阀门的开关状态，并打开阀 HV0101、HV0102、HV0107、HV0109、HV0110、HV0111、HV0112 及高位灌放空阀 HV0113；打开清水罐上的放空阀 HV0126；关闭阀 HV0103、HV0104、HV0105、HV0106、HV0108。

② 在仪表台上打开“电动调节阀电源开关”，开启调节阀电源。

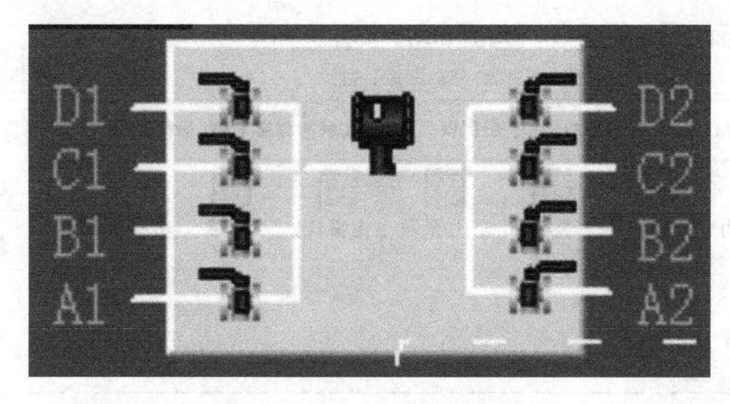

图 3-21 阻力测量切换阀门组

D1,D2—测定阀门阻力的阀；C1,C2—测定粗糙管阻力的阀；

B1,B2—测定光滑管阻力的阀；A1,A2—测定弯头管阻力的阀

③ 在桌面上双击“流体输送实训软件之流量计校核软件”，进入 MCGS 组态环境，如图 3-22 所示。

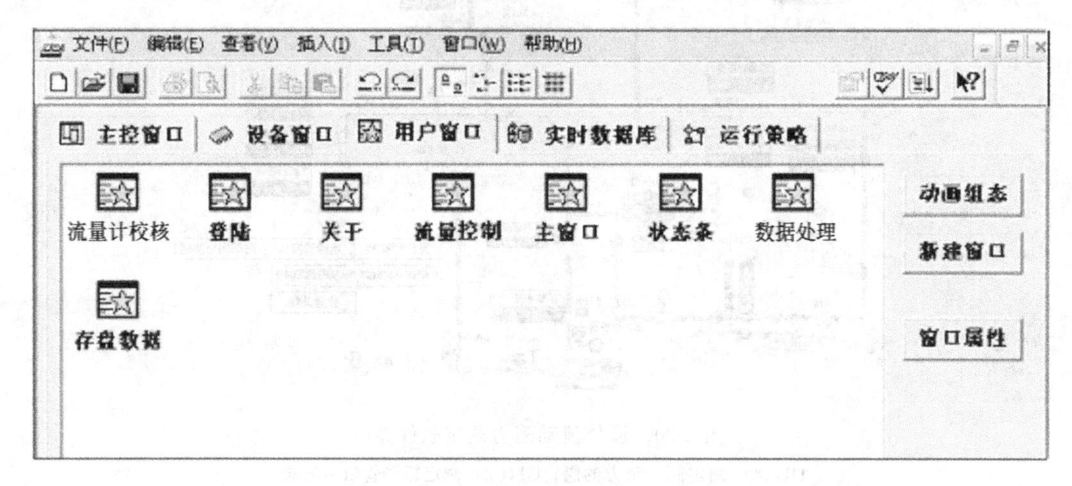

图 3-22 流量计校核 MCGS 组态环境

④ 单击菜单“文件\进入运行环境”或按“F5”进入运行环境，输入班级、姓名、学号后，单击“确认”，出现如图 3-23 所示界面，进入实训软件界面，监控软件就启动起来了。

⑤ 在仪表台上按“1#离心泵启动”按钮，启动离心泵，打开阀 HV0103。

⑥ 在仪表台上设定“1#离心泵流量手自动调节仪”设定值，设定到需要调节的流量，流量从大到小调节，先设定 4.8m^3/h，待流量稳定后，各数值稳定时，按监控软件“数据采集”按钮，采集该流量下的离心泵的流量、孔板压差、流体温度。

⑦ 改变一组流量 4m^3/h，待流量稳定后，各数值稳定时，按监控软件“数据采集”按钮，采集该流量下的离心泵的各参数。

⑧ 1～4.8m^3/h 之间测 3 到 4 组数据，然后打开数据处理软件，对数据进行处理。

(9) 真空泵输送实训

① 检查各阀门的开关状态，打开阀 HV0134，关闭阀 HV0121、HV0122、HV0125、HV0133。

② 在仪表台上按“真空泵电源启动”按钮，启动真空泵。

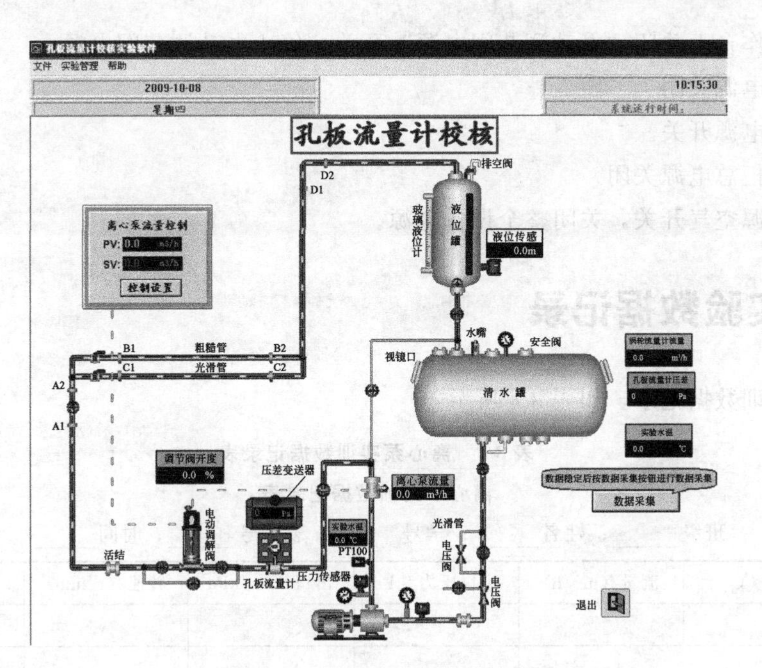

图 3-23 流量计校核软件界面

③ 往真空罐里抽真空，当真空度大于 0.04MPa 后，开始调节阀门 HV0122，调节流量，随着真空度的增大，液体流量也变大。

(10) 压力输送实训

① 检查各阀门的开关状态，打开阀 HV0134，关闭清水罐周围阀 HV0101、HV0106、HV0114、HV0115、HV0117、HV0118、HV0121、HV0122、HV0123、HV0125、HV0126、HV0127，打开真空罐放空阀 HV0133。

② 在仪表台上按“空压机电源”启动按钮，启动空压机往压缩空气缓冲罐里加压。

③ 当压缩空气罐里压力达到 0.2MPa 时，打开阀 HV0130 往清水罐里加压，随着压力的增大，打开并调节阀 HV0122，随着压力变化，液体流量也变化。

注意：做该实训时，需先关闭所有阀门，让空压机的压力进入清水罐一段时间后，压力罐内压力达到 0.2MPa 时，才开启阀 HV0122 做压力输送实训。

3.4.3 正常关机

(1) 停止离心泵

先关闭出口阀门，再在仪表操作台上按“离心泵电源停止”按钮，停止离心泵运行。

(2) 停止旋涡泵

在仪表操作台上按“旋涡泵电源停止”按钮，停止旋涡泵运行。

(3) 停止真空泵

在仪表操作台上按“真空泵电源停止”按钮，停止真空泵运行。先泄压，再排水。

(4) 停止空压机

在仪表操作台上按“空压机电源停止”按钮，停止空压机运行。先泄压，再排水。

(5) 停止电动调节阀

在仪表操作台上关闭“电动调节阀电源”开关，停止电动调节阀电源。

（6）仪表电源关闭

关闭仪表电源开关。

（7）控制柜总电源关闭

关闭总电源空气开关，关闭整个设备电源。

3.5 实验数据记录

离心泵实训数据记录，如表3-4所示。

表3-4 离心泵实训数据记录表

离心泵实训数据记录表

班级______；姓名______；学号______；装置号______；时间______

序号	温度/℃	流量/(m^3/h)	进口压力/kPa	出口压力/kPa	转速/(r/min)	功率/kW

指导教师（签字）：

流体流动阻力测定实训数据记录，如表3-5所示。

表3-5 流体流动阻力测定实训数据记录表

流体流动阻力测定实训数据记录表

班级______；姓名______；学号______；装置号______；时间______

序号	温度/℃	流量/(m^3/h)	粗糙罐压差/kPa	光滑管压差/kPa	闸阀压差/kPa	弯头压差/kPa

指导教师（签字）：

流量计校核实训数据记录，如表3-6所示。

表3-6 流量计校核实训数据记录表

流量计校核实训数据记录表

班级______；姓名______；学号______；装置号______；时间______

序号	温度/℃	流量/(m^3/h)	压差/kPa

指导教师（签字）：

3.6 思考题

（1）离心泵的开停注意事项有哪些？离心泵串、并联的注意事项有哪些？

（2）什么是离心泵的汽蚀和气缚？如何处理？

（3）离心泵与旋涡泵在启动时有何区别，为什么？

（4）本装置所用的阀门有哪几种？

（5）本装置所用的流量计有哪几种？在使用过程中有哪些注意事项？

（6）本实训中共使用了几种流体输送方式？各自的特点和注意事项有哪些？

（7）本装置的液位计是哪种？其原理是什么？还可以采用哪种方法（方式）测定罐中的液位？

（8）影响流体阻力的因素有哪些？

（9）V101、V102、V103 三个罐在哪个位置可设置采样点？采样时有哪些注意事项？

4 传热实训

4.1 实训任务

(1) 掌握换热器换热的原理，认识各种传热设备的结构、特点；
(2) 认识传热装置流程及各传感检测的位置、作用以及各显示仪表的作用；
(3) 掌握传热设备的基本操作、调节方法，了解影响传热的主要影响因素；
(4) 掌握传热系数 K 的计算方法及意义；
(5) 掌握逆流、顺流对换热效果的影响；
(6) 掌握折流挡板的作用及强化传热的途径；
(7) 学会做好开车前的准备工作；
(8) 能正常开车、停车，按要求操作调节到指定数值；
(9) 能正确使用设备、仪表，及时进行设备、仪器、仪表的维护与保养；
(10) 能掌握现代信息技术管理能力，能应用计算机对现场数据进行采集、监控；
(11) 正确填写生产记录，及时分析各种数据；
(12) 掌握工业现场生产安全知识。

4.2 基本原理

本换热器性能测试实训装置，主要对应用较广的间壁式中的三种换热：套管式换热器、板式换热器和列管式换热器进行其性能的测试。其中，对套管式换热器、板式换热器和列管换热器可以进行顺流和逆流两种方式的性能测试。

换热器性能实训的内容主要为测定换热器的总传热系数，对数传热温差和热平衡误差等，并就不同换热器，不同量两种流动方式，不同工况的传热情况和性能进行比较和分析。

4.2.1 数据计算

热流体放热量公式为：

$$Q_1 = C_{p1} m_1 (T_1 - T_2) \tag{4-1}$$

冷流体放热量公式为：

$$Q_2 = C_{p2} m_2 (t_2 - t_1) \tag{4-2}$$

平均换热量公式为：

$$Q = \frac{Q_1 + Q_2}{2} \tag{4-3}$$

热平衡误差公式为：

$$\Delta = \frac{Q_1 - Q_2}{2} \times 100\% \tag{4-4}$$

对数传热温差公式为：

$$\Delta_1 = (\Delta T_2 - \Delta T_1)/\ln(\Delta T_2/\Delta T_1) = (\Delta T_1 - \Delta T_2)/\ln(\Delta T_1/\Delta T_2) \tag{4-5}$$

传热系数公式为：

$$K = Q/F\Delta_1 \tag{4-6}$$

式中 C_{p1}，C_{p2}——热、冷流体的定压比热容，J/(kg·K)；

m_1，m_2——热，冷流体的质量流量，kg/m；

T_1，T_2——热流体的进出口温度，K；

t_1，t_2——冷流体的进出口温度，K；

$\Delta T_1 = T_1 - t_2$，K；

$\Delta T_2 = T_2 - t_1$，K；

F——换热器的换热面积，m^2。

注：热、冷流体的质量流量 m_1，m_2 是根据修正后的流量计体积流量读数 V_1，V_2 再换算成的质量流量值。

4.2.2 比较热性能曲线

（1）以传热系数为纵坐标，冷（热）流体流量为横坐标绘制传热性能曲线；

（2）对三种不同型式的换热器传热性能进行比较。

4.3 传热实训装置介绍

4.3.1 装置介绍

换热器是将热流体的部分热量传递给冷流体的设备，又称热交换器，它们既可是一种单独的设备，如加热器、冷却器和凝汽器等；也可以是某一工艺设备的组成部分，如氨合成塔内的热交换器。

实验装置分为传热实训对象，仪表操作台，上位机监控计算机，监控数据采集软件，数据处理软件几部分。

传热实训对象包括两个冷风机、一个综合换热热风机、左列管换热器、右列管换热器、小列管换热器、综合换热装置、蒸汽发生器、蒸汽调节装置及管路、不凝性气体装置及管路、冷凝水排放系统及管路、冷却水系统、综合传热加热管装置、流量检测传感、压力检测传感、现场显示变送仪表等组成。

4.3.2 换热器结构

(1) 套管式换热器

套管式换热器是由直径不同的直管制成的同心套管，并由U形弯头连接而成，如图4-1所示。在这种换热器中，一种流体走管内，另一种流体走环隙，两者皆可得到较高的流速，故传热系数较大。另外，在套管换热器中，两种流体可为纯逆流，对数平均推动力较大。

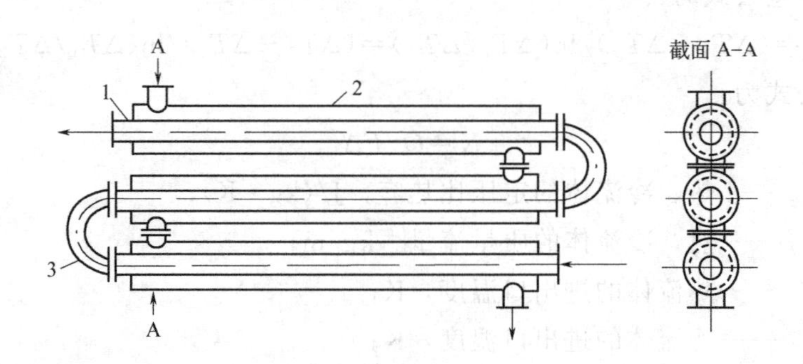

图 4-1 套管式换热器

1—内管；2—外管；3—U形管

套管换热器结构简单，能承受高压，应用亦方便（可根据需要增减管段数目）。特别是由于套管换热器同事具备传热系数大、传热推动力大及能够承受较高压力的优点，在超高压生产过程（例如，操作压力为300MPa的高压聚乙烯生产过程）中所用的换热器几乎全部是套管式。

(2) 管壳式换热器

管壳式（又称列管式）换热器是最典型的间壁式换热器，它在工业上的应用有着悠久的历史，而且至今仍在所有换热器中占据主导地位。

管壳式换热器主要有壳体、管束、管板和封头等部分组成，壳体多呈圆形，内部装有平行管束，管束两端固定于管板上，如图4-2所示。在管壳换热器内进行换热的两种流体，一种在管内流动，其行程称为管程；一种在管外流动，其行程称为壳程。管束的壁面即为传热面。

为提高管外流体给热系数，通常在壳体内安装一定数量的横向折流挡板。折流挡板不仅可防止流体短路、增加流体速度，还迫使流体按规定路径多次错流通过管束，使湍动程度大为增加。常用的挡板有圆缺形和圆盘形两种（如图4-3所示），前者应用更为

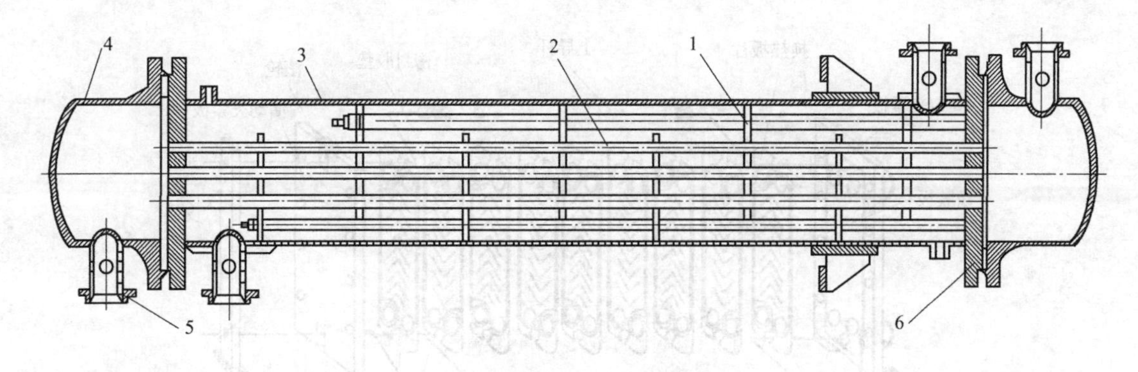

图 4-2 列管式换热器

1—折流挡板；2—管束；3—壳体；4—封头；5—接管；6—管板

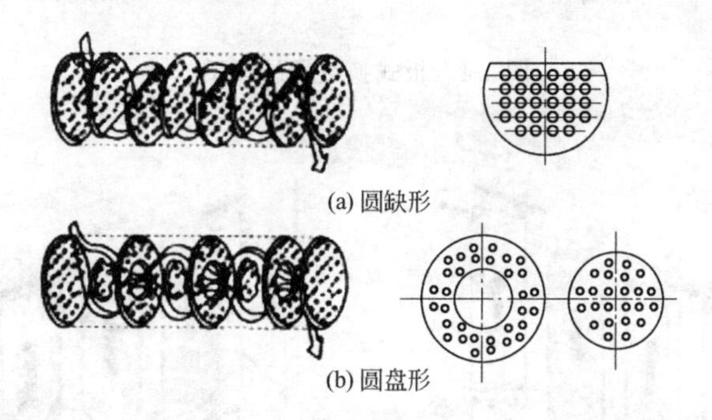

(a) 圆缺形

(b) 圆盘形

图 4-3 流体的折流及折流挡板的形式

广泛。

流体在管内每通过管束一次称为一个管程，每通过壳体一次称为一个壳程。为提高管内流体的速度，可在两端封头内设置适当隔板，将全部管子平均分隔成若干组。这样，流体可每次只通过部分管子而往返管束多次，称为多管程。同样，为提高管外流速，可在壳体内安装纵向挡板使流体多次通过壳体空间，称多壳程。

（3）板式换热器

板式换热器是由固定压紧板、换热板片、密封胶垫、活动压紧板、法兰接管、上、下导杆、框架和压紧螺栓组成。不锈钢板片组合结构管热板片采用进口不锈钢板压制成人子形波纹，使流体在板间流动时形成紊流提高换热效果，相邻板片的人字形波纹相互交叉形成大量触点，提高了板片组的刚度和承受较大压力的能力。橡胶垫片利用双道密封结构并设有安全区和信号槽，使两种介质不会发生混淆。板式换热器结构图如图 4-4 所示。

板式换热器的流程分为 a 片和 b 片两种：a 片是串联流程，有 7 块板为 3 个流程，每个流程均为一个通道，流体经过每一个通道及改变方向；b 片是并联流程，有 7 块板，是单流程，冷、热流体分别流入平行的 3 个通道而形成一股流至出口。板片的流程和通道数量应根据热力学和流体力学计算确定，通常采用分子式来表示，分子表示热流体的程数和通道数，分母表示冷流体的程数和通道数。图 4-5 分别表示（3×1/3×1）、（1×3/1×3）。

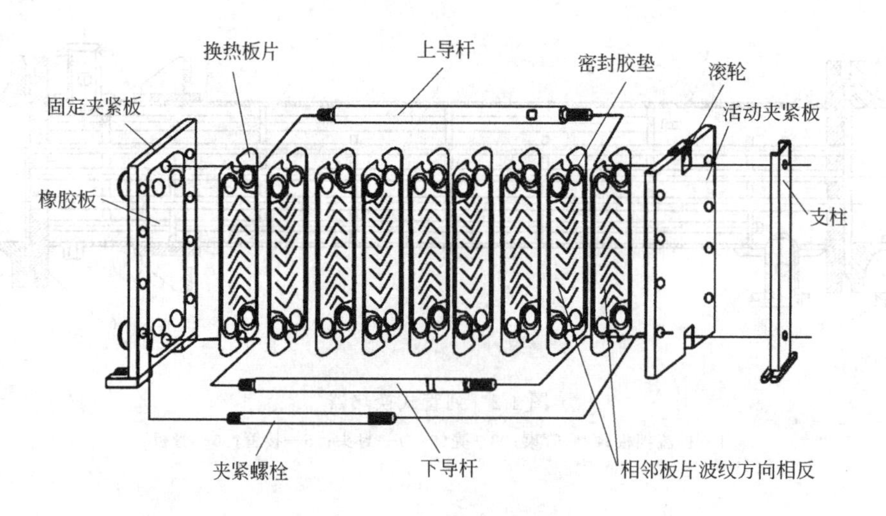

图 4-4 板式换热器结构图

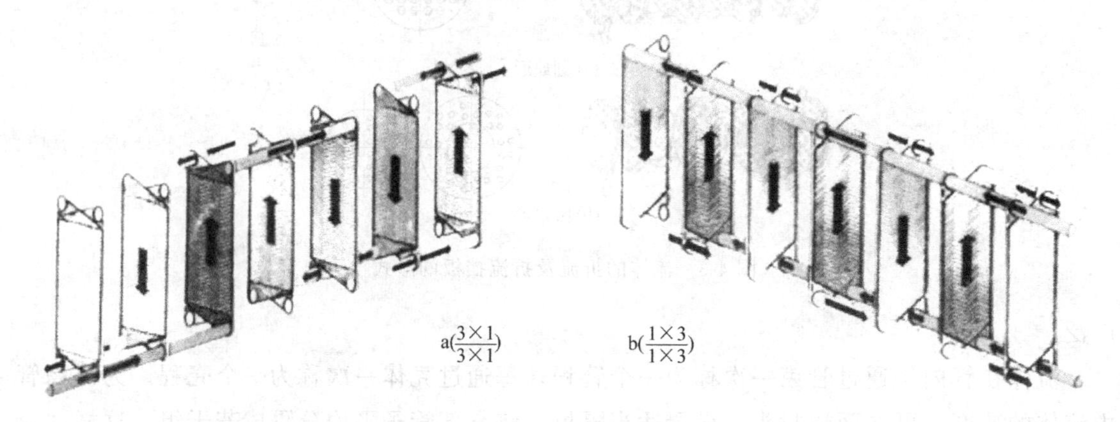

图 4-5 板式换热器流程分布

4.3.3 工艺流程

实训装置工艺流程如图 4-6 所示。

(1) 实训设备配置，如表 4-1 所示。

表 4-1 实训设备配置表

序号	位号	名称
1	TI101	列管换热器 2 冷流体进口温度
2	TI102	列管换热器 2 冷流体出口温度
3	TI103	列管换热器 1 冷流体进口温度
4	TI104	列管换热器 1 冷流体出口温度
5	TI201	综合换热器加热管出口温度
6	TI202	综合换热器热流体进口温度
7	TI303	综合换热器热流体出口温度

续表

序号	位号	名称
8	TI304	综合换热器冷流体进口温度
9	TI305	综合换热器冷流体出口温度
10	TI301	冷却器空气进口温度
11	TI302	冷却器空气出口温度
12	E101	列管换热器 1
13	E102	列管换热器 2
14	E103	综合换热器套管换热器
15	E104	综合换热器列管换热器
16	E106	综合换热器板式换热器
17	E107	综合换热加热器
18	FI103	综合换热热流体流量
19	FI105	列管换热器冷流体流量
20	FI301	综合换热冷流体流量
21	P101	列管换热冷流体风机 1
22	P102	列管冷流体风机 2
23	P103	综合换热冷流体风机 1
24	P104	冷却水泵
25	P105	空气压缩机
26	P106	蒸汽发生器
27	PI101	列管换热器 2 蒸汽压力
28	PI102	列管换热器 1 蒸汽压力
29	PI103	蒸汽包压力
30	D101	蒸汽包
31	FI102	列管换热冷流体流量
32	FI104	列管换热冷流体流量
33	FIC104	列管换热器冷流体流量控制
34	HV0101	列管换热冷流体风机旁路阀
35	HV0102	列管换热冷流体风机流量调节阀
36	HV0103	列管换热器 2 冷流体进口阀门
37	HV0104	列管换热器 2 冷流体出口阀
38	HV0105	列管换热器 1、2 冷流体连通阀
39	HV0106	列管换热器 1 冷流体出口阀
40	HV0107	列管换热器 1 冷流体进口阀门
41	HV0108	综合换热冷流体风机出口旁路阀
42	HV0109	综合换热冷流体风机出口流量调节阀

续表

序号	位号	名称
43	HV0110	综合换热冷流体顺逆切换阀门
44	HV0111	综合换热冷流体顺逆切换阀门
45	HV0112	综合换热冷流体顺逆切换阀门
46	HV0113	综合换热冷流体顺逆切换阀门
47	HV0114	综合换热板式换热冷流体切换阀门
48	HV0115	综合换热板式换热冷流体切换阀门
49	HV0116	综合换热列管冷流体切换阀门
50	HV0117	综合换热列管冷流体切换阀门
51	HV0118	综合换热套管冷流体切换阀门
52	HV0119	综合换热套管冷流体切换阀门
53	HV0121	综合换热板式换热热流体切换阀门
54	HV0122	综合换热板式换热热流体切换阀门
55	HV0123	综合换热列管热流体切换阀门
56	HV0124	综合换热列管热流体切换阀门
57	HV0125	综合换热套管热流体切换阀门
58	HV0126	综合换热套管热流体切换阀门
59	HV0127	蒸汽发生器出口阀
60	HV0143	列管换热器 1 蒸汽压力控制
61	HV0145	列管换热器 1 放空阀
62	HV0146	列管换热器 1 冷凝水阀门
63	HV0147	列管换热器 1 冷凝水旁路阀门
64	HV0148	列管换热器 1 冷凝水阀门
65	HV0149	列管换热器 1 冷凝水旁路阀门
66	HV0150	列管换热器 1 冷凝水阀门
67	HV0151	列管换热器 2 蒸汽压力控制
68	HV0153	列管换热器 2 放空阀
69	HV0154	列管换热器 2 冷凝水阀门
70	HV0155	列管换热器 2 冷凝水旁路阀门
71	HV0156	列管换热器 2 冷凝水阀门
72	HV0157	列管换热器 2 冷凝水旁路阀门
73	HV0158	列管换热器 2 冷凝水阀门
74	HV0160	冷凝水泵进口阀
75	HV0162	冷凝水泵出口阀,冷却水流量控制
76	HV0164	综合换热冷流体流量控制
77	V102	水箱

(2) 仪表及控制系统一览表，如表 4-2 所示。

表 4-2 仪表及控制系统一览表

位号	仪表用途	仪表位置	规格	执行器
PI01	列管换热器 2 蒸汽压力	就地	指针压力表,1.5 级	电动阀
PI02	列管换热器 1 蒸汽压力	就地	指针压力表,1.5 级	电动阀
PI03	蒸汽包蒸汽压力	就地	指针压力表,1.5 级	无
TI101	列换换热器 2 冷流体进口温度显示	集中	热电阻＋智能仪表,1 级	无
TI102	列换换热器 2 冷流体出口温度显示	集中	热电阻＋智能仪表,1 级	无
TI103	列换换热器 1 冷流体进口温度显示	集中	热电阻＋智能仪表,1 级	无
TI104	列换换热器 1 冷流体出口温度显示	集中	热电阻＋智能仪表,1 级	无
TI201	综合换热器加热管出口温度显示控制	集中	热电阻＋智能仪表,1 级	无
TI202	综合换热器热流体进口温度显示	集中	热电阻＋智能仪表,1 级	无
TI301	冷却器空气进口温度	集中	热电阻＋智能仪表,1 级	无
TI302	冷却器空气出口温度	集中	热电阻＋智能仪表,1 级	
TI303	综合换热器热流体出口温度显示控制	集中	热电阻＋智能仪表,1 级	无
TI304	综合换热器冷流体进口温度	集中	热电阻＋智能仪表,1 级	无
TI305	综合换热器冷流体出口温度显示	集中	热电阻＋智能仪表,1 级	无
TIC306	综合换热器冷流体温度显示控制	集中	热电阻＋智能仪表,1 级	无
FIC101	列管换热器冷流体流量显示控制	就地＋集中	孔板＋智能仪表,1 级	无
FIC201	综合换热器热流体流量显示	就地＋集中	孔板＋智能仪表,1 级	无
FIC301	综合换热冷流体流量显示控制	就地＋集中	孔板＋智能仪表,1 级	无

仪表说明如下。

① 巡检仪 1 1＃通道：1＃列管换热器冷流体进口温度；2＃通道：1＃列管换热器冷流体出口温度；3＃通道：2＃列管换热器冷流体进口温度；4＃通道：2＃列管换热器冷流体出口温度；5＃通道：1＃列管蒸汽温度；6＃通道：2＃列管蒸汽温度；

② 巡检仪 2 1＃通道：综合换热器冷流体进口温度；2＃通道：综合换热器冷流体出口温度；3＃通道：综合换热器热流体进口温度；4＃通道：综合换热器热流体出口温度；

③ 巡检仪 3 1＃通道：小列管换热器冷流体进口温度；2＃通道：小列管换热器冷流体出口温度；3＃通道：综合换热热流体流量。

(3) 实训装置中换热器参数

左换热器换热面积：1.1m^2；右换热器换热面积：1.1m^2；小换热器换热面积：0.96m^2；综合换热套管式换热器换热面积 0.62m^2；综合换热板式换热器换热面积 0.735m^2；综合列管式换热器换热面积 0.69m^2。

4.4 实训步骤

4.4.1 开机准备

(1) 检查公用工程水电是否处于正常供应状态(水压、水位是否正常、电压、指示灯是否正常)。

(2) 熟悉设备工艺流程图，各个设备组成部件所在位置(如蒸汽发生器、空压机、疏水阀、列管换热器、套管换热器、板式换热器等)。

(3) 熟悉各取样点及温度、压力、流量、测量与控制点的位置。

(4) 检查总电源的电压情况是否良好。

4.4.2 正常开机

(1) 开启电源

① 在仪表操作台上，开启总电源开关，此时总电源指示灯亮。

② 开启仪表电源开关，此时仪表电源指示灯亮，且仪表上电。

(2) 开启计算机启动监控软件

① 打开计算机电源开关，启动计算机。

② 在桌面上双击“传热实训软件”，进入传热实训 MCGS 组态环境，如图 4-7 所示。

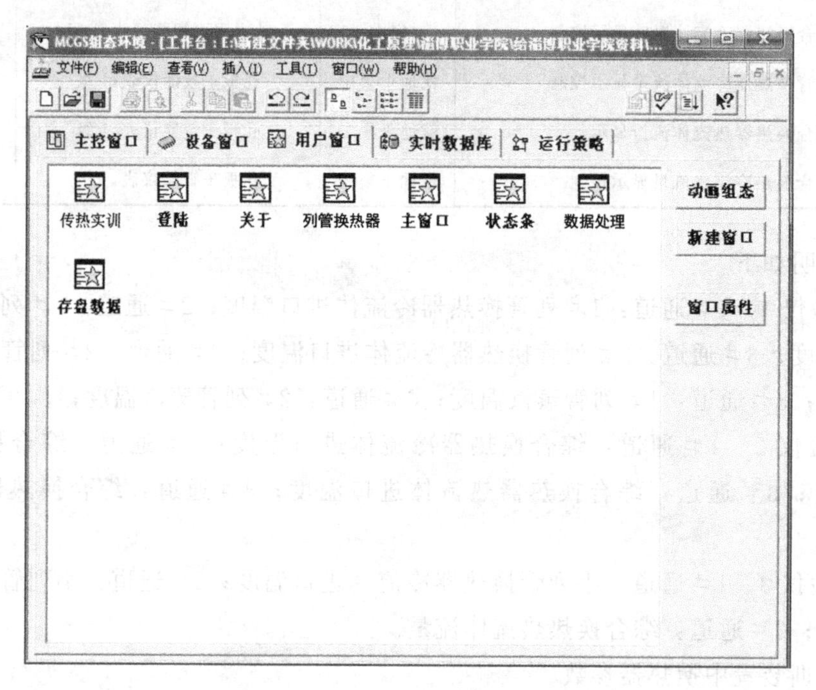

图 4-7 MCGS 传热实训组态环境

③ 单击菜单“文件 \ 进入运行环境”或按“F5”进入运行环境，输入班级、姓名、学号后，单击“确认”，进入如图 4-8 所示界面，单击“传热单元操作实训”进入实训软

件界面，如图 4-10 所示，监控软件就启动起来了。

列管换热装置实训软件

图 4-8　列管换热实训装置实验软件界面

④ 图 4-9 中，PV 表示实际测量值、SV 表示设定值、OP 表示仪表控制输出值；“控制设置”将打开控制界面，如图 4-10 所示，可对控制的 PID 参数进行设置，一般不设置。

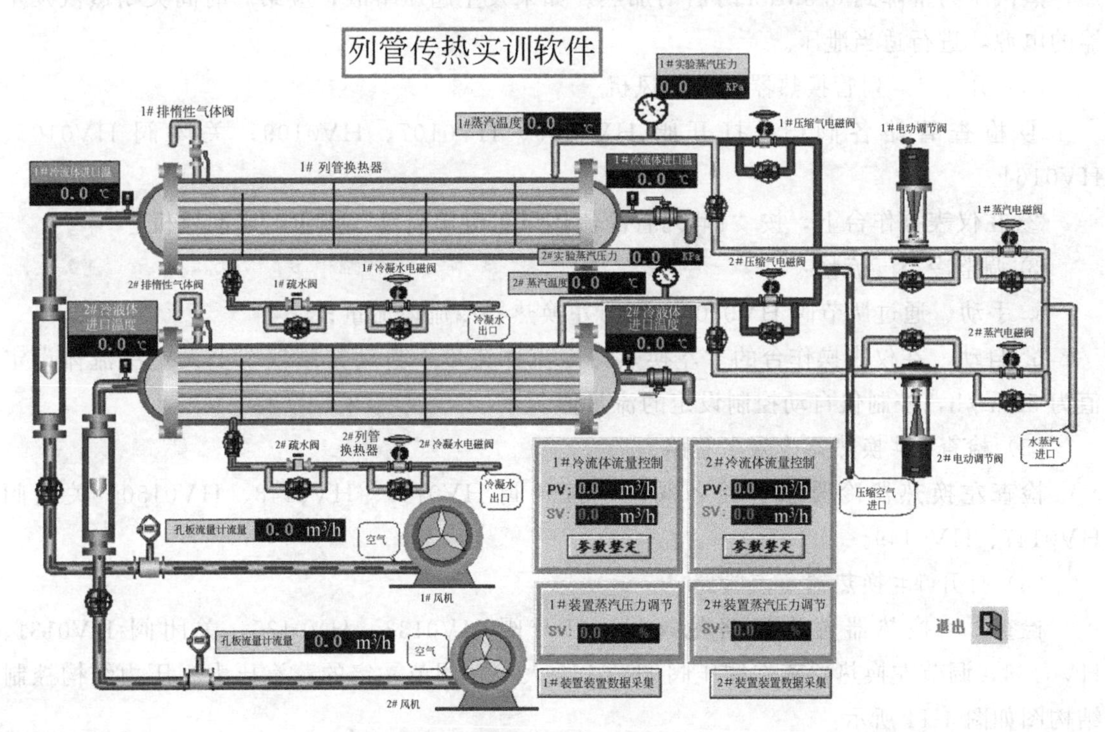

图 4-9　列管传热实训软件界面

（3）开启蒸汽发生器

① 检查蒸汽发生器液位的高度，液位高度应为玻璃液位计中间的位置；若液位过高则需打开发生器上的排空阀及发生器下的排污阀排放掉部分水；若液位不够，在当打开发生器电源时，发生器会进行自动加水，并确保排污阀关闭。

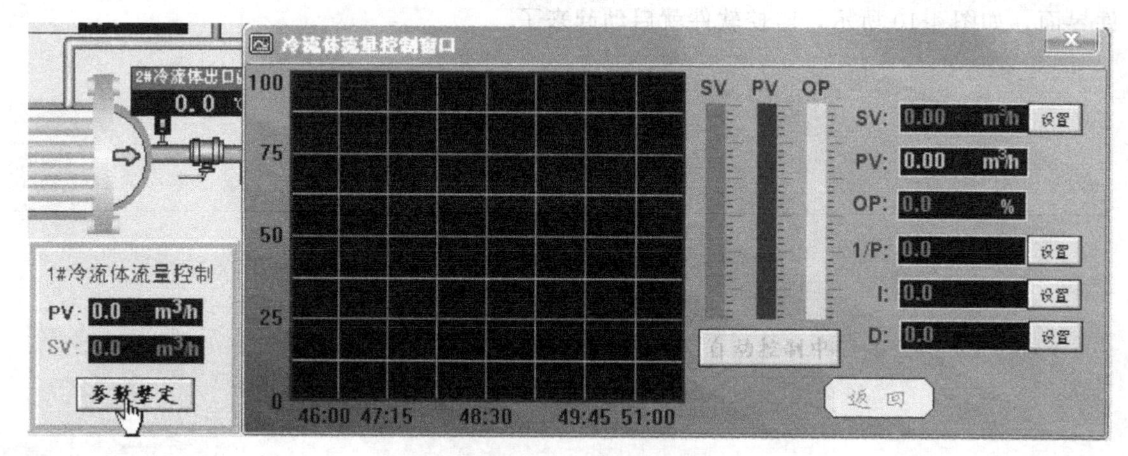

图 4-10 左换热器冷流体流量控制窗口

② 打开发生器后的进水阀门，让自来水进入中间水箱（在发生器内部，有浮球阀进行液位自动控制）。

③ 打开阀 HV0127，开启发生器电源：在发生器前面板上，旋开开关，即开了蒸汽发生器电源，此时蒸汽发生器开始加热蒸汽，蒸汽发生器压力到 0.4MPa 时自动停止加热，蒸汽压力下降到 0.3MPa 时启动加热。如果发生超压事故，应第一时间关闭蒸汽发生器的电源，进行适当泄压。

（4）开启 1＃列管换热器冷流体风机

① 检查管路各阀门，打开阀 HV0106、HV0107、HV0109；关闭阀 HV0105、HV0164。

② 在仪表操作台上，按“1＃列管冷流体风机电源启动”按钮，启动风机。

③ 调整冷空气流量：

a. 手动 通过调节阀 HV0109，调节左换热器冷流体流量；

b. 自动 在仪表操作台的“左换热器冷流体流量手自动控制仪”上设定冷流体设定值为 $50m^3/h$，控制仪自动控制设定的流量值。

（5）检查 1＃换热器冷凝水管路

检查左换热器冷凝水管路各阀门，打开阀 HV0146、HV0148、HV0150，关闭阀 HV0147、HV0149。

（6）打开 1＃换热器蒸汽管路

检查 1＃换热器蒸汽管路各阀门，打开阀 HV0133、HV0135，关闭阀 HV0131、HV0134，调节左换热器蒸汽调压阀 HV0143 大小，调节一定的蒸汽压力。压力结构控制结构图如图 4-11 所示。

（7）数据记录

① 调节不同的冷流体流量，稳定 15min，记录冷流体流量、蒸汽压力、冷流体进出口温度。

② 调节不同的蒸汽压力，稳定 15min，记录冷流体流量、蒸汽压力、冷流体进出口温度。

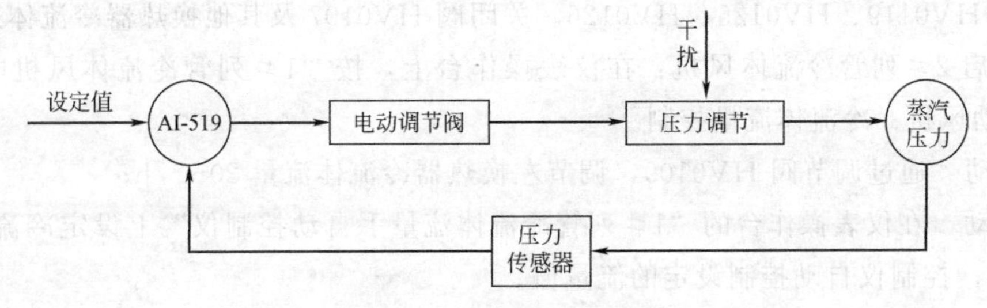

图 4-11 压力控制结构图

(8) 开启2♯换热器冷流体风机

① 检查2♯换热器管路各阀门，打开阀 HV0102、HV0103、HV0104，关闭阀 HV0105。

② 在仪表操作台上，按“2♯列管冷流体风机电源启动”按钮，启动风机。

③ 调整冷空气流量：

a. 手动 通过调节阀 HV0102，调节2♯换热器冷流体流量；

b. 自动 在仪表操作台的“右换热器冷流体流量手自动控制仪”上设定冷流体设定值为 $50m^3/h$，控制仪自动控制设定的流量值。

(9) 检查2♯换热器冷凝水管路

检查2♯换热器冷凝水管路各阀门，打开阀 HV01054、HV0156、HV0158，关闭阀 HV0155、HV0157。

(10) 打开2♯换热器蒸汽管路

检查右2♯换热器蒸汽管路各阀门，打开阀 HV0136、HV0138，关闭阀 HV0132、HV0137，调节右换热器蒸汽调压阀 HV0151 大小，调节一定的蒸汽压力。

(11) 2♯换热器数据记录

① 调节不同的冷流体流量，稳定 15min，记录2♯换热器冷流体流量、蒸汽压力、冷流体进出口温度。

② 调节不同的蒸汽压力，稳定 15min，记录2♯换热器冷流体流量、蒸汽压力、冷流体进出口温度。

(12) 冷却水系统开启

① 检查冷却水水箱里水的液位高低，液位过低，则打开自来水进水阀门，往水箱里加水。

② 检查冷却水管路各阀门，打开阀 HV0160、关闭阀 HV0162。

③ 在仪表操作台上按“冷凝水泵电源启动”按钮，启动冷却水泵电源，打开阀 HV0162。

(13) 综合换热实训

① 检查冷流体流量管路各阀门 打开阀 HV0109、HV0164、HV0111、HV0113。进行板式换热器实训时，打开阀 HV0114、HV0115、HV0121、HV0122；进行列管换热器实训时，打开阀 HV0116、HV0117、HV0123、HV0124；套管换热器实训时，打开阀

HV0118、HV0119、HV0125、HV0126。关闭阀 HV0107 及其他换热器冷流体进出阀门。

② 开启 2#列管冷流体风机：在仪表操作台上，按“1#列管冷流体风机电源启动”按钮，启动风机；冷流体流量控制。

a. 手动 通过调节阀 HV0109，调节左换热器冷流体流量 $20m^3/h$；

b. 自动 在仪表操作台的“1#列管冷流体流量手自动控制仪”上设定冷流体设定值为 $30m^3/h$，控制仪自动控制设定的流量值。

③ 检查热流体流量管路各阀门：打开板式换热器（阀 HV0121、HV0122）[列管换热器（阀 HV0123、HV0124）、套管换热器（阀 HV0125、HV0126）]；关闭其他换热器热流体进出阀门。

④ 开启热流体流量风机：在仪表操作台上打开“综合换热热流体风机电源”开关，启动综合换热热流体风机。

⑤ 启动加热管电源：在仪表操作台上按“综合换热加热管电源启动”按钮，启动综合换热加热管，开始加热。

⑥ 综合换热加热管温度控制：在仪表操作台的“综合换热热流体温度手自动控制仪”上设定热流体温度为 70℃，控制仪就自动对热流体温度进行控制（图 4-12）。

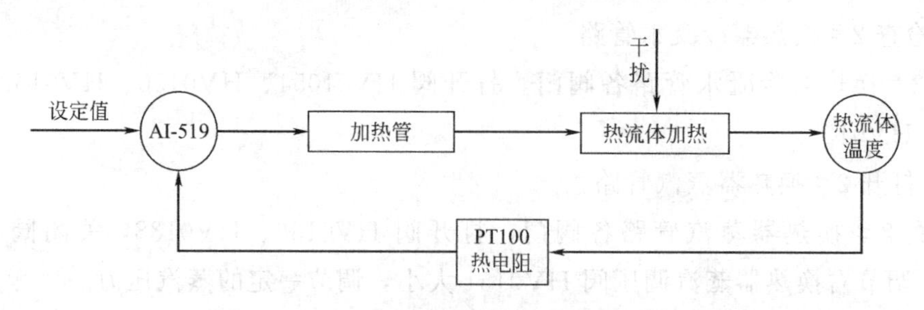

图 4-12 温度控制结构图

⑦ 当加热管温度稳定在 70℃左右时，让系统稳定 15min，记录板式换热器的冷、热流体流量，冷流体进、出口温度，热流体进、出口温度。

⑧ 改变冷流体流量值为 $25m^3/h$，稳定 15min，记录板式换热器的冷、热流体流量，冷流体进、出口温度，热流体进、出口温度；同样改变冷流体流量值，稳定 15min 后记录相应的数值。

⑨ 综合换热冷流体顺逆流切换。

a. 逆流 打开阀 HV0111、HV0113，关闭阀 HV0110、HV0112；

b. 顺流 打开阀 HV0110、HV0112，关闭阀 HV0111、HV0113。

4.4.3 正常关机

(1) 关闭蒸汽发生器

① 关闭蒸汽发生器进水口阀门。

② 关闭蒸汽发生器出蒸汽口阀门。

③ 关闭发生器上电源开关。

（2）关闭综合换热热流体加热电源

在仪表操作台上按“综合换热加热管电源停止”按钮，停止综合换热加热管电源。

（3）关闭1#换热器蒸汽

在1#换热器上针型阀关闭，即可关闭1#换热器的进口蒸汽。

（4）关闭2#换热器蒸汽

在2#换热器上针型阀关闭，即可关闭2#换热器的进口蒸汽。

（5）关闭1#换热器冷流体风机

等换热器冷流体出口温度降低到50℃后，在仪表操作台上关闭“1#换热器冷流体风机电源”开关，关闭1#换热器冷流体风机电源。

（6）关闭2#换热器冷流体风机

等换热器冷流体出口温度降低到50℃后，在仪表操作台上关闭“2#换热器冷流体风机电源”开关，关闭2#换热器冷流体风机电源。

4.4.4 数据记录

实训数据记录表，如表4-3所示。

表4-3 实训数据记录表

实训数据记录表

班级________；姓名________；学号________；环境温度________℃；

换热器名称____________；装置号________；时间________

顺逆流	热流体			冷流体		
	进口温度/℃	出口温度/℃	流量计读数/(L/h)	进口温度/℃	出口温度/℃	流量计读数/(L/h)
顺流						
逆流						

指导教师（签字）：

4.5 思考题

（1）本装置有哪几种换热器？各自有何特点及应用在哪些工况下？

（2）列管式换热器的种类有哪些？各自有何特点及应用在哪些工况下？

（3）逆流传热与对流传热有何区别？工业上经常采用这两种传热方式的哪种？

（4）固定管板换热器的主要构成有哪些？

（5）疏水阀的作用及原理是什么？

（6）安全阀的作用及原理是什么？

（7）本实训中阀组的作用是什么？其操作时的注意事项有哪些？

（8）换热器串联的目的是什么？实训中根据哪些控制参数（数据）确定需要串联？

（9）操作蒸汽发生器时有何注意事项？

（10）实训时，如何控制加热用的蒸汽压力？安全注意事项有哪些？

5 吸收-解吸实训

5.1 实训任务

（1）掌握填料塔的结构和特点，掌握填料吸收、解吸塔的基本操作、调节方法；

（2）能正确使用设备、仪表，及时进行设备、仪器、仪表的维护与保养；

（3）能及时掌握设备的运行情况，随时发现、正确判断、及时处理各种异常现象，特殊情况能进行紧急停车操作；

（4）掌握影响吸收解吸的主要因素，掌握吸收、解吸总传质系数的意义；

（5）学会做好开车前的准备工作；

（6）能正常开车、停车，按要求操作调节到指定数值；

（7）能正确完成水吸收空气中CO_2操作，分析吸收前后的浓度，并计算传质系数、传质单元高度；

（8）能正确完成空气解吸水中CO_2操作，分析解析前后的浓度，并计算传质系数、传质单元高度；

（9）能进行故障点的排除工作；

（10）掌握工业现场生产安全知识。

5.2 基本原理

气体吸收和解吸是典型的传质过程之一，也是石油化工生产过程中较常用的重要单元操作过程。吸收过程是利用气体混合物中各个组分在液体（吸收剂）中的溶解度不同，来分离气体混合物。被溶解的组分称为溶质或吸收质，含有溶质的气体称为富气，不被溶解的气体称为贫气或惰性气体。

溶解在吸收剂中的溶质和在气相中的溶质存在溶解平衡，当溶质在吸收剂中达到溶解平衡时，溶质在气相中的分压称为该组分在该吸收剂中的饱和蒸气压。当溶质在气相中的分压大于该组分的饱和蒸气压时，溶质就从气相溶入液相中，称为吸收过程。当溶质在气相中的分压小于该组分的饱和蒸气压时，溶质就从液相逸出到气相中，称为解吸过程。

提高压力、降低温度有利于溶质吸收；降低压力、提高温度有利于溶质解吸，正是利用这一原理分离气体混合物，而吸收剂可以重复使用。

实训采用水吸收空气中的 CO_2 组分。一般 CO_2 在水中的溶解度很小，即使预先将一定量的 CO_2 气体通入空气中混合以提高空气中的 CO_2 浓度，水中的 CO_2 含量仍然很低，所以吸收的计算方法可按低浓度来处理，并且此体系 CO_2 气体的解吸过程属于液膜控制。因此，本实验主要测定 K_Xa 和 H_{OL}。

(1) 计算公式

填料层高度 Z 为

$$Z=\int_0^Z \mathrm{d}Z=\frac{L}{K_Xa}\int_{X_2}^{X_1}\frac{\mathrm{d}X}{X-X^*}=H_{OL}N_{OL} \tag{5-1}$$

式中 L——液体通过塔截面的摩尔流量，kmol/(m^2·s)；

K_Xa——以 ΔX 为推动力的液相总体积传质系数，kmol/(m^3·s)；

X^*——液相平衡摩尔分数；

H_{OL}——液相总传质单元高度，m；

N_{OL}——液相总传质单元数，无量纲量。

令吸收因数 $A=L/mG$

$$N_{OL}=\frac{1}{1-A}\ln\left[(1-A)\frac{Y_1-mX_2}{Y_1-mX_1}+A\right] \tag{5-2}$$

式中 A——吸收因数；

G——气体通过塔截面的摩尔流量，kmol/(m^2·s)；

m——汽液相平衡常数。

(2) 测定方法

① 空气流量和水流量的测定。本实验采用转子流量计测得空气和水的流量，并根据实验条件（温度和压力）和有关公式换算成空气和水的摩尔流量。

② 测定填料层高度 Z 和塔径 D。

③ 测定塔顶和塔底气相组成 Y_1 和 Y_2。

④ 平衡关系。

本实验的平衡关系可写成

$$y=mx \tag{5-3}$$

式中 m——相平衡常数，$m=E/p$；

E——亨利系数，$E=f(t)$（一般可根据液相温度查得）Pa；

p——总压，Pa（一般为常压，取 1.013×10^5 Pa）。

对清水而言，$x_2=0$，由全塔物料衡算

$$G(y_1-y_2)=L(x_1-x_2) \tag{5-4}$$

式中 x_1，x_2——分别为塔顶、塔底液相摩尔分数；

y_1，y_2——分别为塔顶、塔底气相摩尔分数；

G——气相通过塔截面的摩尔流量，kmol/(m^2·s)；

L——液相通过塔截面的摩尔流量，kmol/(m^2·s)。

由式(5-4) 可得 x_1。

5.3 吸收-解吸实训装置介绍

5.3.1 装置介绍

实验装置包括流体输送对象、控制柜、上位机等，并配备数据监控采集软件，数据处理软件等。

流体输送对象包括吸收塔、解吸塔、风机，水泵、储气罐、水箱、转子流量计、孔板流量计、CO_2钢瓶、差压变送器、现场变送仪表等。

5.3.2 工艺流程简述及工艺流程图

(1) 吸收工艺流程

水箱里的自来水经水泵加压后，经液相转子流量计、涡轮流量计后送入填料塔塔顶经喷头喷淋在填料顶层。由电磁空气泵送来的空气通过流量计后，与由二氧化碳钢瓶来的二氧化碳按一定比例（一般 10∶1）混合后，经过孔板流量计，然后再直接进入塔底，与水在塔内填料进行逆流接触，进行质量和热量的交换，用水吸收空气中的CO_2，由塔顶出来的尾气放空，塔底出来的吸收液进入中间储罐（供解吸的原料液）。由于本实训为低浓度气体的吸收，所以热量交换可略，整个实训过程看成是等温操作。

(2) 解吸工艺流程

水箱里的富含CO_2经水泵加压后，经液相转子流量计、涡轮流量计后送入填料塔塔顶经喷头喷淋在填料顶层。由旋涡风机送来的空气进入气体缓冲罐后，经闸阀调节流量、通过转子流量计、经过孔板流量计后，直接进入塔底，与水在塔内填料进行逆流接触，进行质量和热量的交换，空气解吸出水里的CO_2，由塔顶出来的气体放空，塔底出来的解吸后的液体液进吸收液储罐（供吸收重复使用）。由于本实训为低浓度气体的吸收，所以热量交换可略，整个实训过程看成是等温操作。

整个实训的工艺流程图如图 5-1 所示。

5.3.3 吸收-解吸配置单

吸收解吸配置单如表 5-1 所示。

表 5-1 吸收解吸配置单

序号	位号	名称
1	V101	吸收液储罐、解析剂液储罐
2	V102	解析液储罐、吸收剂液储罐
3	V103	解吸气体缓冲罐
4	V104	防倒灌罐
5	P101	吸收增强风机
6	P102	解吸风机
7	P103	吸收风机
8	P104	吸收水泵
9	P105	解吸水泵
10	FI101	吸收 CO_2气体转子流量计
11	FI102	吸收 CO_2故障气体转子流量计
12	FI103	吸收空气孔板流量计
13	FI104	吸收液体转子流量计
14	FI105	解析液体转子流量计
15	FI106	解吸气体转子流量计
16	FI107	解吸气体孔板流量计
17	FI108	解吸 CO_2转子流量计
18	FIC09	解吸液体涡轮流量计
19	FIC10	吸收液体涡轮流量计
20	PI01	吸收塔内压力
21	PI02	解吸塔内压力
22	PI03	吸收气体缓冲罐压力
23	PI04	解吸气体缓冲罐压力
24	TI301	吸收气体温度
25	TI02	解吸气体温度
26	AI301	吸收气体进口取样口
27	AI302	吸收气体尾气出口取样口
28	AI02	吸收气体进口排空取样口
29	AI03	吸收液体出口取样口
30	AI304	解吸气体进口取样口
31	AI08	解吸气体进口排空取样口
32	AI303	解吸气体尾气出口取样口
33	AI05	解吸液体进口取样口
34	AI07	解吸液体出口取样口
35	HV203	吸收增强风机旁路阀
36	HV0101	解析风机旁路阀
37	HV0102	解析气体缓冲罐排污阀

续表

序号	位号	名称
38	HV0103	解析气体缓冲罐排空阀
39	HV0104	解析气体流量调节阀
40	HV0105	解析液取样阀
41	HV0106	解析气体尾气调节阀
42	HV0107	解析塔顶气体取样阀
43	HV0108	吸收增强风机调节阀
44	HV0109	吸收风机出口阀
45	HV0110	吸收气体进气取样阀
46	HV0111	吸收气体尾气调节阀
47	HV0112	吸收气体尾气取样阀
48	HV0113	吸收 CO_2 进气口
49	HV0114	故障电磁阀旁路阀
50	HV0115/ HV0116	故障电磁阀旁路阀前后阀
51	HV0117	解析气体进口阀
52	HV0118	解析防倒吸罐排污阀
53	HV0119	解析防倒吸罐排空阀
54	HV0120	吸收泵进口阀
55	HV0122	吸收剂流量调节阀
56	HV0123	吸收塔底液体取样阀
57	HV0124	吸收塔底排污阀
58	HV0125	吸收塔底液封调节阀
59	HV0126	吸收液罐加料阀
60	HV0127	吸收液罐排空阀
61	HV0128	解析泵进口阀
62	HV0129	解析泵回流阀
63	HV0130	解析剂调节阀门
64	HV0131	解析塔底液相取样阀
65	HV0132	解析塔底排污阀
66	HV0133	解析塔底液封调节阀
67	HV0134	解析液罐进料阀
68	HV0135	解析液罐排空阀
69	HV0137	解析液罐排污阀

5.3.4 装置仪表及控制系统一览表

装置仪表及控制系统一览表，如表 5-2 所示。

表 5-2 吸收解吸配置单

位号	仪表用途	仪表位置	规格	执行器
PI01	吸收塔气体进口压力	现场	压力表,1.5 级	无
PI02	解吸塔气体进口压力	现场	压力表,1.5 级	无
PI03	吸收气体缓冲罐压力	现场	压力表,1.5 级	无
PI04	解吸气体缓冲罐压力	现场	压力表,1.5 级	无
TI301	吸收气体温度	集中	热电阻+智能仪表,1 级	无
TI02	解吸气体温度	集中	热电阻+智能仪表,1 级	无
FI01	吸收 CO_2 流量显示	现场	玻璃转子流量计	无
FI02	吸收空气流量显示	现场	玻璃转子流量计	无
FI03	吸收气体流量显示	集中	孔板流量计+智能仪表,1 级	无
FI04	吸收液体流量显示	现场	玻璃转子流量计	无
FI05	解吸液体流量显示控制	集中	玻璃转子流量计	有
FI06	解吸空气流量显示	现场	玻璃转子流量计	无
FI07	解吸空气流量显示	集中	孔板流量计+智能仪表,1 级	无
FI08	解吸 CO_2 流量显示	现场	玻璃转子流量计	无
FIC09	解吸液体流量显示	集中	涡轮流量计+智能仪表,1 级	无
FIC10	吸收液体流量显示控制	集中	涡轮流量计+智能仪表,1 级	有

5.4 实训步骤

5.4.1 开机准备

(1) 检查公用工程水电是否处于正常供应状态（水压、水位是否正常；电压、指示灯是否正常）。

(2) 打开 CO_2 钢瓶阀门，检测 CO_2 钢瓶减压阀压力是否正常。

(3) 熟悉设备工艺流程图，各个设备组成部件所在位置；熟悉各阀门的作用及用途。

(4) 熟悉温度、流量测量点、控制点的位置。

(5) 在向罐体加液前，检查罐体各阀门位置；关闭罐体底下排污阀 HV0140、手动加料阀门；打开阀 HV0137 和 HV0139。

(6) 打开自来水阀门，往吸收剂储液罐 V102 里加入自来水，液位到罐体的 2/3 的位置。

(7) 测量并记录当前吸收剂储罐的液位。

5.4.2 正常开机

(1) 开启电源

① 在仪表操作台上，开启总电源开关，此时总电源指示灯亮。

② 开启仪表电源开关，此时仪表电源指示灯亮，且仪表上电。

(2) 开启计算机启动监控软件

① 打开计算机电源开关，启动计算机。

② 在桌面上双击“吸收解吸实训软件”，进入吸收解吸实训 MCGS 组态环境，如图 5-2 所示。

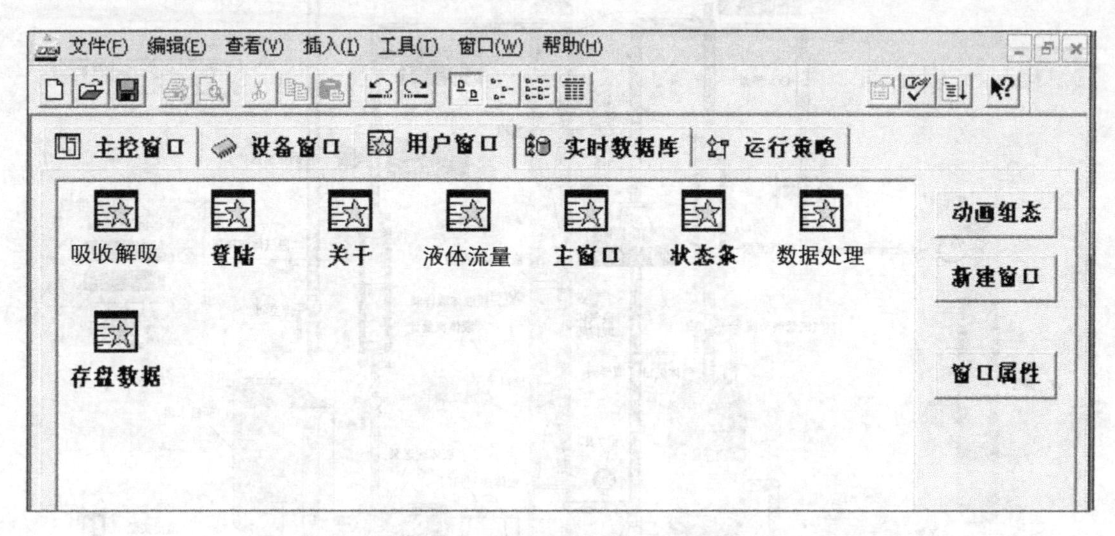

图 5-2 MCGS 吸收解吸实训 MCGS 组态环境

③ 单击菜单“文件 \ 进入运行环境”或按“F5”进入运行环境，输入班级、姓名、学号后，单击“确认”，出现如图 5-3 所示界面，单击“填料吸收单元操作实训”进入实训软件界面，如图 5-4 所示，监控软件就启动起来了。

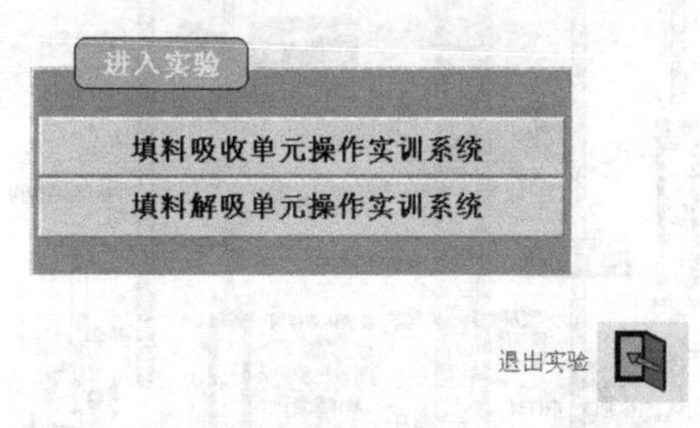

图 5-3 填料吸收解吸单元操作实训软件界面

④ 在图 5-4、图 5-5 中，PV 表示实际测量值、SV 表示设定值。“控制设置”将打开控制界面，如图 5-6 所示；OP 表示仪表控制输出值，可对控制的 PID 参数进行设置，一般不设置。

(3) 开启吸收塔液相水泵和管路

① 检查管路各阀门位置，打开阀 HV0120、HV0122、HV0125、HV0135、HV0127；

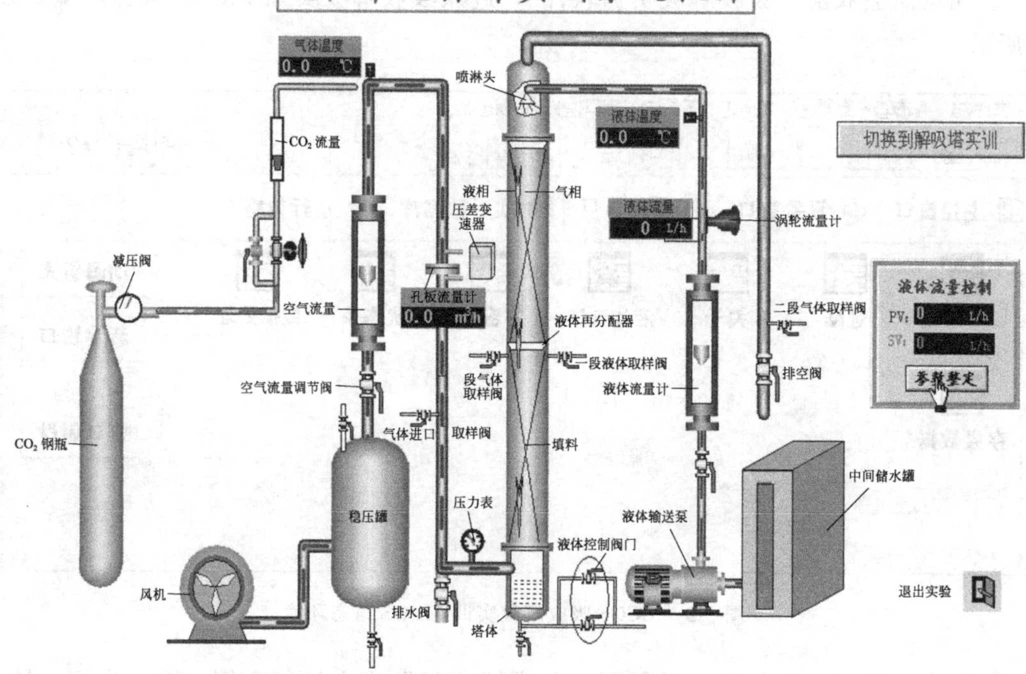

图 5-4　吸收单元操作实训软件界面

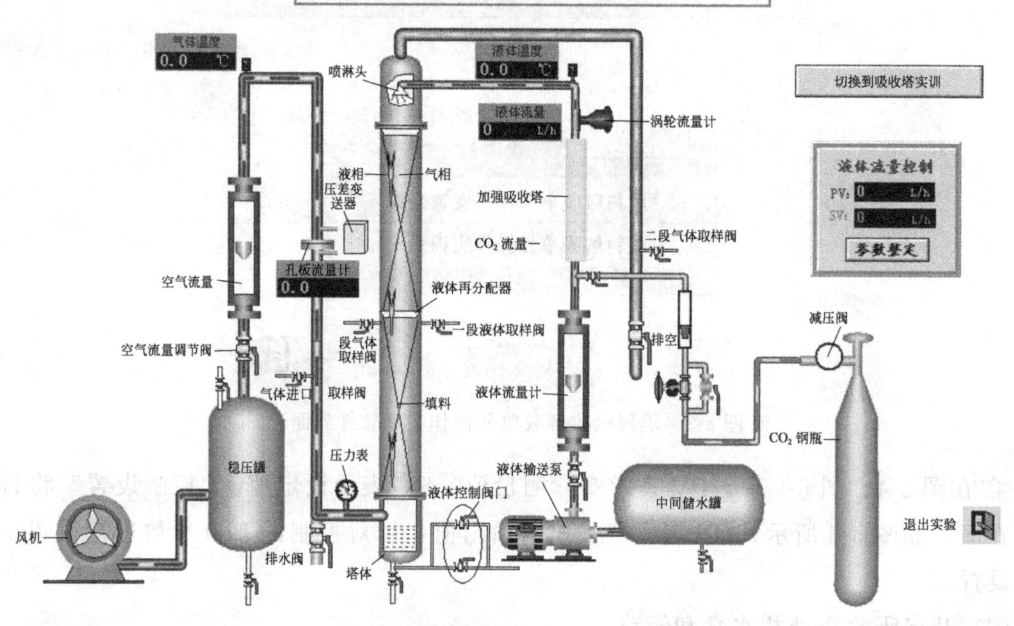

图 5-5　解吸单元操作实训软件界面

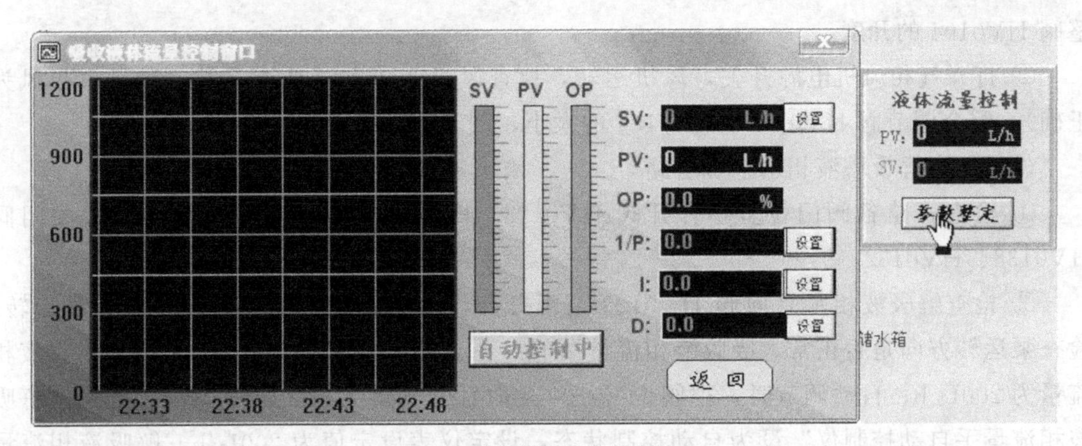

图 5-6　吸收液相流量控制窗口

关闭阀 HV0124、HV0123。

② 检查吸收液相水泵前阀 HV0120 是否打开，打开吸收液相泵电源开关，泵运转，检查泵运转方向是否正常。吸收液相流量调节：手动时，调节阀 HV0122，调节吸收液相流量为 200L/h；自动调节时，把阀 HV0122 逆时针开到最大，在仪表控制箱上把“吸收液相流量手自动控制仪”设到自动控制状态，设定仪表设定值为 200L/h，吸收液相流量就会自动控制在 200L/h。吸收液相流量控制结构图如图 5-7 所示。

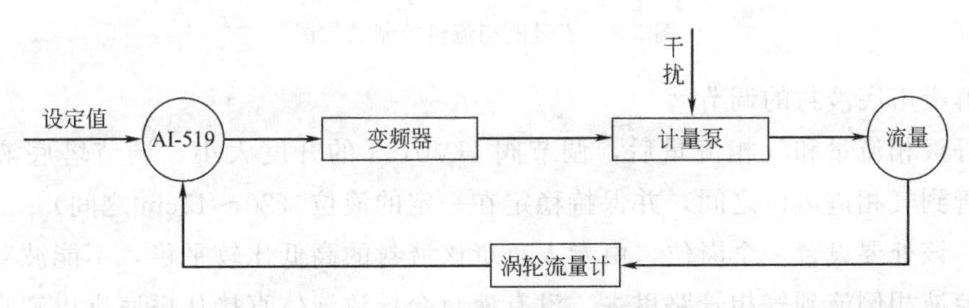

图 5-7　吸收液相流量控制结构图

(4) 开启吸收塔气相风机和管路

① 检查管路各阀门位置，打开阀 HV0109、HV0111；关闭阀 HV0108；调整吸收气体流量计下的阀开度。

② 打开气相风机电源开关，风机运转，检查风机运转方向是否正常（进风口吸风为正确），配合调节吸收气体流量计阀的大小，调节吸收气相流量为 $2m^3/h$。

(5) 吸收塔底液封的调节

调节好液相流量和气相流量后，调节阀 HV0125 的开度大小，调节塔底液封在塔底液体出口管到气相进风口之间，并保持稳定在一定的液位（20～45cm 之间）。

注意：该处要设置一个岗位，由专人负责该液封的高低比较平稳，不能波动过大，液封过高会使液相倒流到气相管路里去，没有液封会导致液体直接从塔底逃出吸收塔外，起不到吸收的作用。

(6) 开启解吸塔气相风机和管路

① 检查管路各阀门位置，打开阀 HV0104；关闭阀 HV0101、HV0102、HV0103；调

整阀 HV0104 的开度。

② 打开气相风机电源开关，风机运转，检查风机运转方向是否正常（进风口吸风为正确），配合调节阀 HV0101、HV0104 的大小，调节解吸气相流量为 4m^3/h。

（7）开启解吸塔液相水泵和管路

① 检查管路各阀门位置，打开阀 HV0128、HV0127、HV0130、HV0133；关闭阀 HV0138、HV0132；

② 检查解吸液相水泵前阀 HV0128 是否打开，打开吸收液相泵电源开关，泵运转，检查泵运转方向是否正常。吸收液相流量调节：手动时，调节阀 HV0130，调节吸收液相流量为 200L/h；自动调节时，把阀 HV0130 逆时针开到最大，在仪表操作台上将“解吸液相流量手自动控制仪”设为自动控制状态，设定仪表设定值为 200L/h，解吸液相流量就会自动控制在 200L/h。解吸液相流量控制结构图如图 5-8 所示。

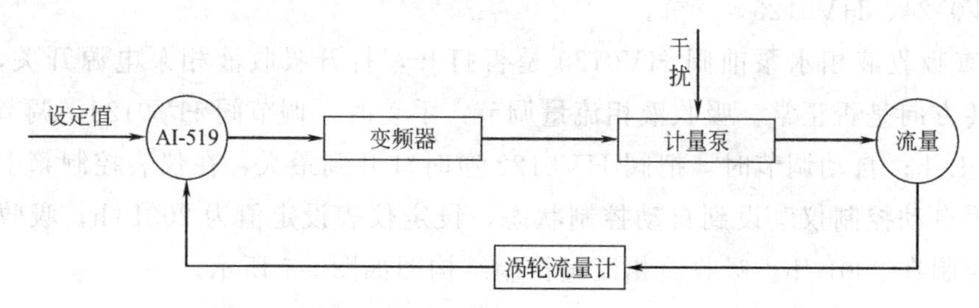

图 5-8 解吸液相流量控制结构图

（8）解吸塔底液封的调节

调节好液相流量和气相流量后，调节阀 HV0133 的开度大小，调节塔底液封在塔底液体出口管到气相进风口之间，并保持稳定在一定的液位（20～45cm 之间）。

注意：该处要设置一个岗位，由专人负责该液封的高低比较平稳，不能波动过大，液封过高会使液相倒流到气相管路里去，没有液封会导致液体直接从塔底逃出解吸塔外，起不到解吸的作用。

（9）实训方法

① 当操作稳定后（一般稳定 10min 左右），通过阀 HV0110 取吸收气相原料样，通过阀 HV0112 取吸收气相尾气样；通过阀 HV0107 取解吸后气相样；通过 CO_2 浓度传感器对 CO_2 浓度进行直接读取，吸收塔 CO_2 浓度以质量分数计，解析塔 CO_2 浓度为 ppm（mL/m^3）。

② 调整吸收、解吸液的流量到 300L/h，稳定 10min，再读取样品浓度。

5.4.3 正常关机

（1）CO_2 钢瓶停车

实验取样结束后，先关闭 CO_2 钢瓶的阀门，再逆时针方向关闭减压阀阀门。

（2）解吸液相泵停车

① 在仪表操作台上，对“解吸液相流量手自动控制仪”上，把将解吸液相流量设定值设定为 0，让解吸液相泵停止转动；

② 把解析变频器手自动切换开关打到手动位置，再关闭“解吸水泵电源”开关。

(3) 解吸风机停车

在仪表控制操作台上，关闭“解吸风机电源”开关。

(4) 吸收风机停车

在仪表控制操作台上，关闭“吸收风机电源”开关。

(5) 吸收液相泵停车

① 在仪表操作台的“吸收液相流量手自动控制仪”上，将吸收液相流量设定值设定为0，让吸收液相泵停止转动。

② 把吸收变频器手自动切换开关打到手动位置，再关闭“吸收水泵电源”开关。

(6) 仪表电源关闭

关闭仪表电源开关。

(7) 控制柜总电源关闭

关闭总电源空气开关，关闭整个设备电源。

5.4.4 液泛现象

试着加大吸收、解吸的气体和液体流量，开启吸收2号风机（吸收增强风机），加强气量，看看在多少气体和液体流量下会液泛，观察液泛是流体在填料的状态。

5.4.5 数据记录表

实训数据记录表如表5-3所示。

表5-3 实训数据记录表

实训数据记录表

班级________；姓名________；学号________；装置号________；时间________；

吸收气体温度：______℃；吸收液体温度______℃；解吸气体温度______℃；解吸液体温度______℃

编号	吸收气体流量/(L/min)	吸收液体流量/(L/min)	吸收气体入口 CO_2 浓度/ppm	吸收气体出口 CO_2 浓度/ppm	解吸气体流量/(L/min)	解吸液体流量/(L/min)	解吸气体入口 CO_2 浓度/ppm	解吸气体出口 CO_2 浓度/ppm
1								
2								
3								
4								
5								

注：1ppm=1μL/L。

指导教师（签字）：

5.5 思考题

(1) 吸收塔中的填料是哪种？有何特点？

（2）影响吸收和解吸效果的主要因素有哪些？
（3）简述本实训中吸收、解吸的开、停车顺序及注意事项。
（4）在实训过程中，吸收塔和解吸塔的塔底液位有何要求？为什么？
（5）在实训过程中，富液罐和贫液罐的液位有何要求？为什么？
（6）实训中如何保护测定 CO_2 浓度的检测设备？
（7）实训中如何防止吸收液进入气路中？
（8）CO_2 钢瓶操作的注意事项有哪些？

6 常减压精馏实训

6.1 实训任务

(1) 掌握精馏操作的传质与传热过程;

(2) 掌握精馏塔塔板、导流管、塔釜再沸器、塔顶全凝器等主要装置的作用;

(3) 能独立地进行精馏岗位开、停车工艺操作(包括开车前的准备、电源的接通、冷却水量的控制、电源加热温度的控制等);

(4) 了解塔釜再沸器电加热、导热油加热等不同的加热方式,了解水冷、风冷等不同的冷却方式;

(5) 能进行全回流操作,能通过观测仪表对全回流操作的稳定性作出正确的判断;

(6) 能进行部分回流操作,能通过观测仪表对部分回流操作稳定性作出正确的判断,能按照生产要求达到规定的产量指标和质量指标;

(7) 能及时掌握设备的运行情况,随时发现、正确判断、及时处理各种异常现象,对特殊情况能进行紧急停车操作;

(8) 能正确使用设备、仪表,及时进行设备、仪器、仪表的维护与保养;

(9) 能掌握现代信息技术管理能力,能应用计算机对现场数据进行采集、监控和处理异常现象;

(10) 能正确填写生产记录,及时分析各种数据;

(11) 了解掌握工业现场生产安全知识。

6.2 基本原理

6.2.1 精馏生产工艺过程及原理

混合物的分离是化工生产中的重要过程。混合物可分为非均相物系和均相物系。非均相物系的分离主要依靠质点运动与流体流动原理实现分离。而化工中遇到的大多是均相混合物，均相物系的分离条件是必须造成一个两相物系，然后依据物系中不同组分间某种物性的差异，使其中某个组分或某些组分从一相向另一相转移，以达到分离的目的。精馏是分离液体混合物的典型单元操作，它是通过加热造成气液两相物系，利用物系中各组分挥发度不同的特性以实现分离的目的。通常，将低沸点的组分称为易挥发组分，高的称为难挥发组分。

精馏分离是根据溶液中各组分挥发度（或沸点）的差异，使各组分得以分离。其中较易挥发的称为易挥发组分（或轻组分），较难挥发的称为难挥发组分（或重组分）。它通过气液两相的直接接触，使易挥发组分由液相向气相传递，难挥发组分由气相向液相传递，是气液两相之间的传递过程。

现取第 n 板（如图 6-1 所示）为例来分析精馏过程和原理。

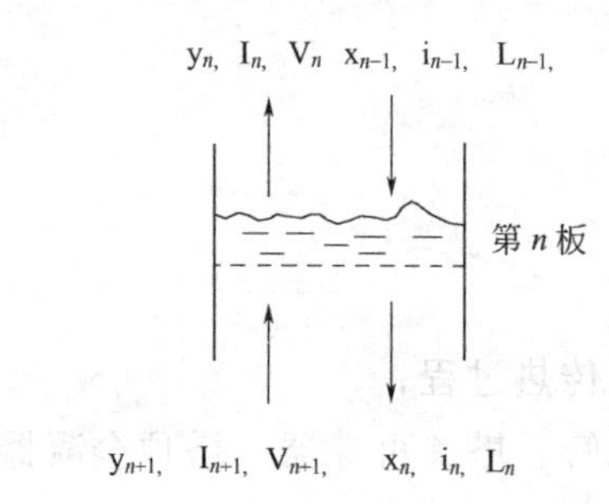

图 6-1　第 n 板的质量和热量衡算图

塔板的形式有多种，最简单的一种是板上有许多小孔（称筛板塔），每层板上都装有降液管，来自下一层（$n+1$ 层）的蒸气通过板上的小孔上升，而上一层（$n-1$ 层）来的液体通过降液管流到第 n 板上，在第 n 板上气液两相密切接触，进行热量和质量的交换。进、出第 n 板的物流有以下四种。

① 由第 $n-1$ 板溢流下来的液体量为 L_{n-1}，其组成为 x_{n-1}，温度为 t_{n-1}；

② 由第 n 板上升的蒸气量为 V_n，组成为 y_n，温度为 t_n；

③ 从第 n 板溢流下去的液体量为 L_n，组成为 x_n，温度为 t_n；

④ 由第 $n+1$ 板上升的蒸气量为 V_{n+1}，组成为 y_{n+1}，温度为 t_{n+1}。

因此，当组成为 x_{n-1} 的液体及组成为 y_{n+1} 的蒸气同时进入第 n 板，由于存在温度差和浓度差，气液两相在第 n 板上密切接触进行传质和传热的结果会使离开第 n 板的气液两相平衡（如果为理论板，则离开第 n 板的气液两相成平衡），若气液两相在板上的接触时间长，接触比较充分，那么离开该板的气液两相相互平衡，通常称这种板为理论板（y_n，x_n 成平衡）。精馏塔中每层板上都进行着与上述相似的过程，其结果是上升蒸气中易挥发组分浓度逐渐增高，而下降的液体中难挥发组分越来越浓，只要塔内有足够多的塔板数，就可使混合物达到所要求的分离纯度（共沸情况除外）。

加料板把精馏塔分为二段，加料板以上的塔，即塔上半部完成了上升蒸气的精制，即除去其中的难挥发组分，因而称为精馏段。加料板以下（包括加料板）的塔，即塔的下半部完成了下降液体中难挥发组分的提浓，除去了易挥发组分，因而称为提馏段。一个完整的精馏塔应包括精馏段和提馏段。

精馏段操作方程为：

$$y_{n+1}=\frac{R}{R+1}x_n+\frac{x_D}{R+1} \tag{6-1}$$

提馏段操作方程为：

$$y_{n+1}=\frac{L+qF}{L+qF-W}x_n-\frac{W}{L+qF-W}x_w \tag{6-2}$$

式中，R 为操作回流比，F 为进料摩尔流率，W 为釜液摩尔流率，L 为提馏段下降液体的摩尔流率，q 为进料的热状态参数，部分回流时，进料热状况参数的计算式为：

$$q=\frac{C_{pm}(t_{BP}-t_F)+r_m}{r_m} \tag{6-3}$$

式中 t_F——进料温度，℃；

t_{BP}——进料的泡点温度，℃；

C_{pm}——进料液体在平均温度（t_F+t_{BP}）/2 下的比热容，J/(mol℃)；

r_m——进料液体在其组成和泡点温度下的汽化热，J/mol。

$$C_{pm}=C_{p1}M_1x_1+C_{p2}M_2x_2; \tag{6-4}$$

$$r_m=r_1M_1x_1+r_2M_2x_2 \tag{6-5}$$

式中 C_{p1}, C_{p2}——分别为纯组分 1 和组分 2 在平均温度下的比热容，kJ/(kg·℃)；

r_1, r_2——分别为纯组分 1 和组分 2 在泡点温度下的汽化热，kJ/kg；

M_1, M_2——分别为纯组分 1 和组分 2 的摩尔质量，kg/kmol；

x_1, x_2——分别为纯组分 1 和组分 2 在进料中的摩尔分数。

精馏操作涉及气液两相间的传热和传质过程。塔板上两相间的传热速率和传质速率不仅取决于物系的性质和操作条件，而且还与塔板结构有关，因此它们很难用简单方程加以描述。引入理论板的概念，可使问题简化。

所谓理论板，是指在其上气液两相都充分混合，且传热和传质过程阻力为零的理想化塔板。因此不论进入理论板的气液两相组成如何，离开该板时气液两相达到平衡状态，即两温度相等，组成互相平衡。

实际上，由于板上气液两相接触面积和接触时间是有限的，因此在任何形式的塔板上，气液两相难以达到平衡状态，即理论板是不存在的。理论板仅用作衡量实际板分离效率的依据和标准。通常，在精馏计算中，先求得理论板数，然后利用塔板效率予以修正，即求得实际板数。引入理论板的概念，对精馏过程的分析和计算是十分有用的。

对于二元物系，如已知其气液平衡数据，则根据精馏塔的原料液组成，进料热状况，操作回流比及塔顶馏出液组成，塔底釜液组成可由图解法或逐板计算法求出该塔的理论板数 N_T。按照下式可以得到总板效率 E_T：

$$E_T=\frac{N_T-1}{N_P}\times 100\% \tag{6-6}$$

其中，N_P 为实际塔板数。

6.2.2 精馏装置的基本组成

根据精馏原理可知，单有精馏塔还不能完成精馏操作，必须同时有塔底再沸器和塔顶冷凝器，有时还要配原料液预热器、回流液泵等附属设备，才能实现整个操作。再沸器的作用是提供一定量的上升蒸气流，冷凝器的作用是提供塔顶液相产品及保证有适宜的液相回流，因而使精馏能连续稳定的进行。

6.2.3 精馏分离的特点

(1) 通过精馏分离可以直接获得所需要的产品；

(2) 精馏分离的适用范围广，它不仅可以分离液体混合物，而且可用于气态或固态混合物的分离；

(3) 精馏过程适用于各种组成混合物的分离；

(4) 精馏操作是通过对混合液加热建立气液两相体系进行的，所得到的汽相还需要再冷凝化。因此，精馏操作耗能较大。

塔设备是最常采用的精馏装置，无论是填料塔还是板式塔都在化工生产过程中得到了广泛的应用，本实训采用板式塔（筛板塔）作为精馏设备。

6.3 实训装置介绍

6.3.1 精馏实训的工艺流程

常减压精馏实训工艺流程图如图 6-2 所示。

6.3.2 筛板精馏实训设备配置

筛板精馏实训设备配置单，如表 6-1 所示。

表 6-1 装置配置单

序号	位号	名称
1	HV0105,HV0111	原料取样口
2	HV0142	塔顶产品取样口
3	E101	原料预热器
4	E102	再沸器
5	E103	塔顶冷却器
6	E104	塔底产品冷却器
7	FI101	进料流量
8	FI102	回流流量
9	FI103	成品流量
10	FI104	塔底残液流量
11	FI105	冷凝水流量
12	FI106	塔顶产品冷凝水流量
13	LIT101	原料罐 1 液位
14	P101	原料泵

续表

序号	位号	名称
15	P102	回流泵
16	P103	塔顶产品泵
17	P104	循环泵
18	P105	真空泵
19	P106	冷却水泵
20	PI101	塔底压力
21	PI102	塔顶压力
22	PI103	真空度
23	PT101	塔底压力传感器
24	PT102	塔顶压力传感器
25	T101	筛板精馏塔
26	V101	1＃原料罐
27	V102	2＃原料罐
28	V103	塔顶回流罐
29	V104	塔顶产品罐
30	V105	塔底产品(残液)罐
31	V106	循环冷却水箱
32	V107	真空缓冲罐

6.4 操作步骤

6.4.1 开车准备

(1) 检查公用工程水电是否处于正常供应状态（水压、水位是否正常、电压、指示灯是否正常）。

(2) 熟悉设备工艺流程图，各个设备组成部件所在位置（如加热釜、原料罐）。

(3) 熟悉各取样点、温度测量、压力测量与控制点的位置。

(4) 确认设备所有阀门初始状态为关闭状态。

(5) 在精馏现场电力控制柜上，合上总电源空气开关，在现场电力控制柜上检查总电源电压表电压是否正确如出现缺相，欠压等问题应及时按序检查电压表接线是否接触不良，打开仪表电源开关。

(6) 启动计算机双击桌面“筛板精馏塔实训”快捷方式启动监控软件。并将所有现场控制参数设置为初始状态零。

(7) 配料。如果是第一次配料，打开原料罐上阀 HV0101、HV0102、HV0107、HV0108、HV0110，关闭阀 HV0105、HV0106、HV0111、HV0112、HV0114，按体积浓度 10%～20%在容器中配好料，从原料罐 V101、V102 的加料漏斗倒入原料罐中，达 2/3～3/4 位置。

6.4.2 开车

(1) 输送原料到再沸器 E102：打开阀 HV0106、HV0112、HV0113、HV0115、

HV0118a、HV0118b、HV0120、HV0122；关闭阀 HV0105、HV0111、HV0114、HV0116、HV0117、HV0121、HV0124、HV0125；在控制柜上开启“进料泵电源”开关，让原料通过进料泵经预热器往再沸器里进料。当再沸器液位达到 20～25cm（设置范围为 15～30cm 之间）时，关闭阀 HV0113 及 HV0115，关闭原料泵。

(2) 当进行常压蒸馏时，应先将回流罐上的放空阀打开，确保塔顶为常压。

(3) 再沸器加热前，应将其上的放空阀和手动进料阀门关闭。

(4) 在仪表控制柜上按“再沸器加热启动”按钮，启动再沸器加热，同时在“再沸器温度控制仪”仪表上手动输出 100%，让加热管全负荷加热。

(5) 在仪表控制柜上按“预热器加热启动”按钮，启动预热器加热，同时在“预热器温度控制仪”仪表上手动输出 100%，让预热器加热管全负荷加热，把预热器里的原料预热到和进料口塔板相近的温度，停止预热器加热。

(6) 开启冷却泵电源，打开冷凝水进口阀门，关闭塔底冷凝水进水阀 HV0147，调节塔顶冷凝水阀 HV0149，调节塔顶冷却器的冷却流量为 400L/h。

6.4.3 全回流

(1) 随着加热的进行，再沸器温度的上升，当再沸器内温度达到混合物的沸点后，蒸气从塔底往上升，经塔顶冷凝器 E103 冷凝后到回流罐，调整“再沸器温度控制仪”的输出为 60%，调整再沸器加热功率，控制蒸气的流速，从而控制冷凝液量。

(2) 检查并确认阀 HV0136、HV0137，关闭阀门塔顶产品流量计的阀门，待回流液罐 V103 积累到 15cm 液位之后，在精馏现场仪表控制柜上打开“产品泵电源”开关，启动产品泵，通过配合调节流量计 FI103 的阀门和阀 HV0139 的开度大小，调整全回流流量，并观察回流罐液位，回流罐液位基本保持不下降也不上升。

(3) 通过控制再沸器加热电压 180V，控制全回流流量使回流罐液位基本不变，若回流罐液位保持基本不变，则此时的流量为最大回流量。

(4) 注意巡检回流罐液位及回流流量，进行回流流量微调，基本保持回流罐液位保持恒定，全回流稳定 15min 时间后，注意观察塔顶温度，可以在取样口取样并分析记录。

6.4.4 部分回流

(1) 当全回流稳定，并达到产品浓度要求后，就可以准备进入部分回流。

(2) 成品采出操作：检查并打开阀 HV0134、HV0140，关闭阀 HV0141、HV0142；选择合适的回流比，调整塔顶采出产品流量计的阀门，调整塔顶采出产品的流量。

(3) 进料操作：在精馏现场仪表控制柜上打开“精馏进料泵电源”开关，启动进料泵；检查并关闭阀 HV0115。

(4) 进料温度控制：控制框图如图 6-3 所示，在现场仪表控制柜上按“预热器加热启动”按钮，启动预热器加热，在“进料温度控制仪”上，手动设置输出置，把预热器加热电压控制在 80V 左右，把进料温度控制在泡点温度左右，做泡点进料。

(5) 塔底残液采出：检查并打开再沸器底下阀 HV0125 及 HV0127，关闭阀

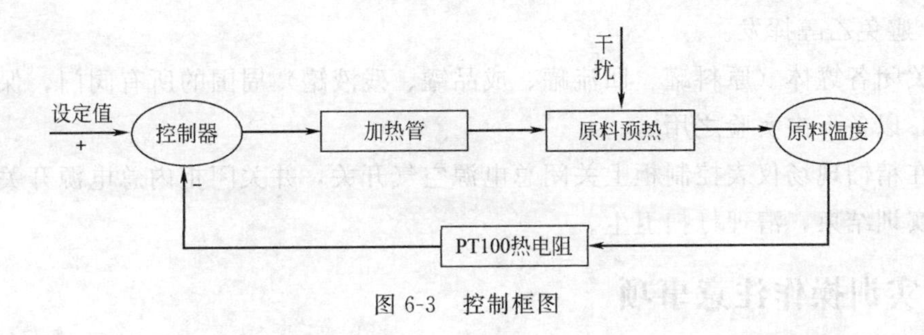

图 6-3 控制框图

HV0124、HV0126、HV0128；调节塔底残液流量计阀门大小，调整塔底残液流量，打开塔底产品冷却器的冷却水管路阀 HV0147、HV0148，调整阀 HV0147 大小，调整冷却水流量大小，控制塔顶产品温度在 35℃以下。

(6) 系统全回流运行中，需隔 15min 巡检一次各流量计流量，并保持设定的流量大小。

(7) 取样操作：系统全回流正常运行 15min 后，分别通过取样阀 HV0105、HV0111，HV0124、HV0136，取样原料、塔顶产品、塔底残液，进行浓度分析并记录。

6.4.5 实训数据记录

实训数据记录表如表 6-2 所示。

表 6-2 实训数据记录表

班级________；姓名________；学号________；装置号________；时间________

塔板类型：________；实际塔板数：________；进料位置：第________块塔板

塔径：________mm。

控制工艺参数	数值
原料浓度(质量分数)/%	
进料流量/(L/min)	
进料温度/℃	
回流流量/(L/min)	
回流比	
成品流量/(L/min)	

成品浓度（质量分数）：________%；残液浓度（质量分数）：________%。

6.4.6 停车

(1) 在计算机上依次把再沸器温度 OP 设置为 0、进料温度 OP 设置为 0。

(2) 在精馏现场仪表控制柜上依次关闭预热加热电源、再沸器加热电源、成品泵电源。

(3) 关闭塔底残液冷却器冷却水阀 HV0147、HV0148。

(4) 待塔顶温度降到 60℃以下时，先关闭塔顶冷却水阀 HV0149、HV0150，再关闭冷却泵电源。

(5) 在精馏现场仪表控制柜上打开塔顶产品泵电源开关，把回流罐里的产品打到塔顶产品罐内，同时关闭塔顶产品泵电源开关，并关闭塔顶产品罐排空阀 HV0140 及

HV0139，避免乙醇挥发。

（6）关闭各罐体（原料罐、回流罐、成品罐、残液罐）周围的所有阀门，保持罐内液体不挥发，以备下次实验之用。

（7）在精馏现场仪表控制柜上关闭总电源空气开关，并关闭柜内总电源开关。

（8）实训结束，清理打扫卫生。

6.4.7 实训操作注意事项

（1）再沸器液位必须大于5cm，最好在15～25cm之间，低于5cm会造成干烧。

（2）必须开启进料泵后才能开启预热器加热，否则会造成干烧。

（3）在开启再沸器加热电源之前，必须打开回流罐放空阀HV0134，否则会造成塔体压力过高。

（4）在整个实训过程中，必须始终保持排污阀、排尽阀处在关闭状态。

6.4.8 各参数参考调节范围

（1）再沸器乙醇和水混合物浓度：20%～40%；

（2）进料流量大小：5～15L/h；

（3）筛板塔回流流量大小：2～10L/h；

（4）再沸器液位高度：18～30cm；

（5）操作稳定后塔顶产品浓度85%～95%；

（6）回流比大小1～3；

（7）再沸器正常操作参考电压180V（原料液浓度在20%左右时）。

6.5 监控软件

监控软件操作如下。

（1）双击运行“筛板精馏塔.MCG”，启动离心泵数据采集软件，进入如图6-4所示

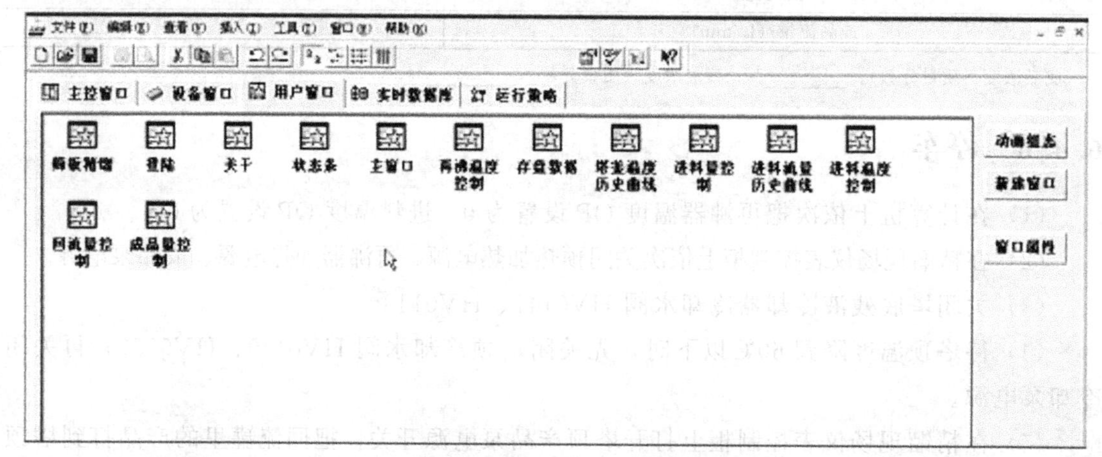

图6-4 筛板精馏MCGS组态环境

的筛板精馏 MCGS 组态环境画面。

（2）鼠标左键单击图标“”，输入班级、姓名、学号、装置号，左键单击“确定”进入图 6-5。

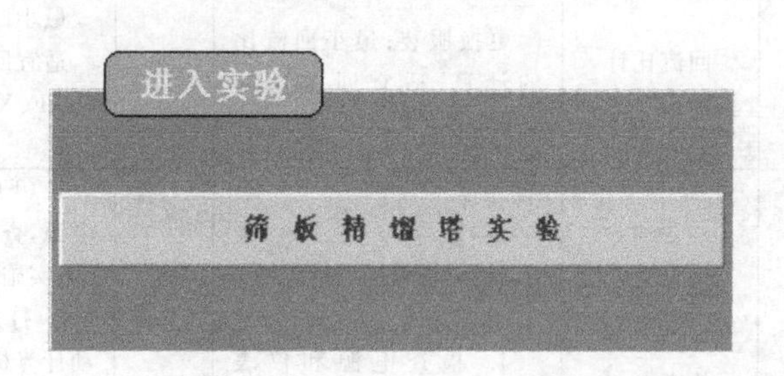

图 6-5　筛板精馏塔实验软件界面

（3）左键单击图标“筛板精馏塔实验”进入如图 6-6 界面。

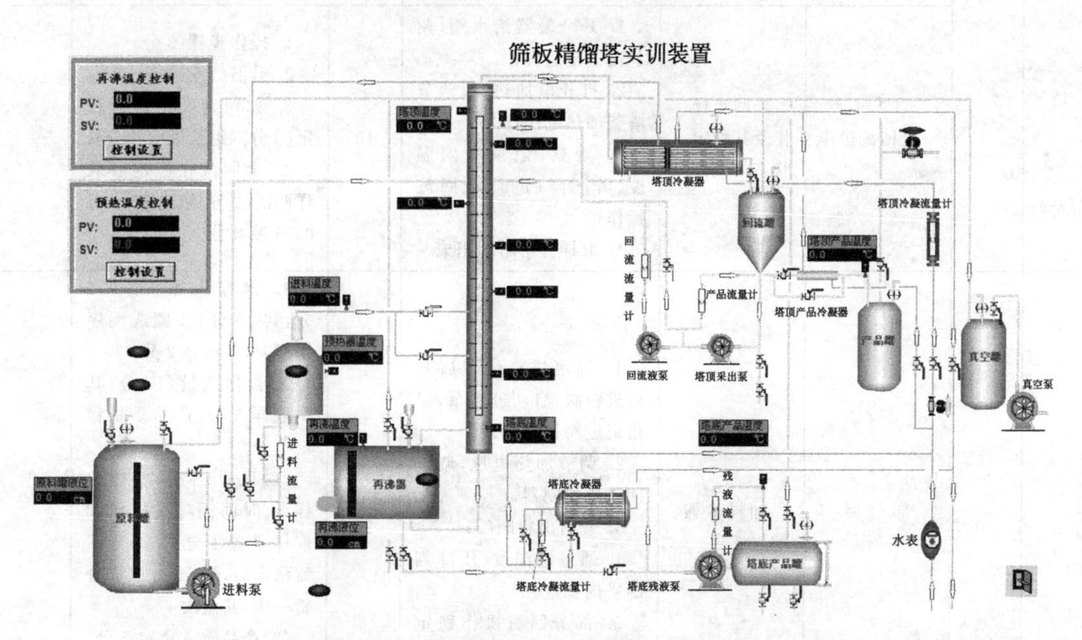

图 6-6　筛板精馏塔实训装置软件控制界面

（4）精馏塔运行后，可以在“进料流量控制”窗口中设置改变进料流量，在“产品流量控制”窗口中设置改变原料流量，在“回流流量”中设置改变回流流量，在“再沸温度控制”窗口中设置改变再沸器温度，在“进料温度控制”窗口中设置改变进料温度。

6.6 考核标准

精馏装置实训考核评分如表6-3所示。

表6-3 精馏装置技能考核评分表

序号	时间/min	操作阶段	考核内容	操作要求	标准分值/分	评分标准与说明	得分/分
1	60	根据任务要求计算出回流比	回流比计算知识	更换服装；最小回流比的计算，适宜回流比的确定	10	最小回流比(4分) 适宜回流比(4分) XF、XD、XW等计算(2分)	
2	60	开车准备	检查水、电、仪、阀、泵、检查储罐并进料	1. 检查电源和仪表显示； 2. 检查各阀门状态；检查冷却水系统； 3. 向精流塔进料	5	1. 开启总电源、仪表盘电源，查看电压表、温度显示，实施监控仪(1分) 2. 打开计算机电源，启动计算机并进入计算机采集系统(1分) 3. 打开冷却水上水阀，检查有无供水，关上水阀或开启冷却风机并关闭(1分) 4. 确定各阀门正常位置后、启动进料泵向塔内加料至指定位置(2分)	
		全回流操作	全回流操作及其稳定状态的判断	1. 开全凝器给水阀，调节流量至适宜； 2. 打开电加热器，调节塔釜加热电压； 3. 观察、记录塔内温度、塔压降；进行全回流操作； 4. 取样分析塔顶组成	10	1. 操作步骤(3分) 2. 升温(2分) 3. 如何判断全回流稳定(3分)(组长询问给分) 4. 全回流在稳定后取样两次(2分)浓度差$\Delta c \leqslant 0.05$减0分	
3	60	部分回流生产操作	加料步骤、馏出液	1. 确定进料位置后开启进料阀、启动进料泵，以指定进料量进料； 2. 调节加热电压，调节回流比控制器； 3. 开启出料阀门； 4. 通过塔温度、压降判断塔内稳定； 5. 部分回流操作稳定后，隔5min取样分析一次，共2次	20	1. 操作步骤(每步2分，共10分)步骤或顺序错或漏，每步减2分 2. 操作质量(10分，其中取样5分、产品质量稳定5分) (1)取样(5分，其中取样点、时间、容器、操作和取样量各1分)。部分回流稳定后，隔5min取样分析一次，共两次 (2)产品质量稳定5分，2次分析产品质量浓度差Δc按如下减分$\Delta c \geqslant 0.03$减0分；$0.03 < \Delta c \leqslant 0.05$减2分；$\Delta c > 0.05$减5分	

续表

序号	时间/min	操作阶段	考核内容	操作要求	标准分值/分	评分标准与说明	得分/分
4	15	干扰操作		1. 在部分回流完成后，评委制造事故； 2. 根据出现的事故现象判断事故原因，采取措施、恢复正常操作	6	判断干扰2分 采取措施2分 恢复稳定2分	
5	15	正常停车		1. 关闭进料泵及相应管线上的阀门； 2. 关闭再沸器电加热； 3. 关闭回流比控制器； 4. 关闭上水阀、回水阀； 5. 各阀门恢复初始开车状态； 6. 关仪表电源和总电源	6	评判点及分值，(操作顺序错误，扣相应步骤分) 1. 关进料泵、相应管线上阀门(1分)缺或错一步扣1分 2. 关闭再沸器电加热(1分) 3. 关闭回流比控制器(1分) 4. 关闭上水阀、回水阀(1分) 5. 各阀门恢复开车前状态(1分) 6. 关计算机电源、仪表电源、总电源(1分)	
6	15	安全文明操作	安全、文明、礼貌	1. 正确操作设备、使用工具； 2. 操作环境整洁、有序	2	1. 正确操作设备、使用工具，测试用取样器(1分)错误扣1分，损坏扣10分 2. 操作环境整洁、有序(1分)	
7	15	记录与报告	记录与报告	1. 记录表的清晰规范，反映操作过程的变化； 2. 计算塔顶的产品产量与质量	11	1. 记录规范真实(2分) 2. 报告规范、真实、准确(2分) 3. 两个指标合格6分，合格一个3分。不合格0分	
	240	合计			70		

学生签字：　　　　指导教师签字：　　　　日期：

6.7 思考题

(1) 为何工业生产中采用的精馏塔以板式塔居多？

(2) 本装置中的精馏塔属于哪种板式塔？有何特点？

(3) 本装置有两个进料口，不同处进料对精馏操作及产品都有哪些影响？

(4) 实训过程中，塔底再沸器的液位有何要求？为什么？

(5) 实训过程中，进料预热器的加热有何要求？为什么？

(6) 精馏塔进料温度是根据什么确定的？有什么优点？

(7) 开车时为什么要进行一定时间的全回流操作才采出产品？

(8) 如何控制回流比？其控制依据有哪些？

(9) 减压精馏的注意事项有哪些？一般在什么情况下采用减压精馏？

(10) 停车的顺序是什么？注意事项有哪些？

(11) 本实训过程有哪些操作属于节能措施？

6.8 附二元体系平衡数据

附表 乙醇～水溶液体系的平衡数据

液相中乙醇的含量(摩尔分数)	汽相中乙醇的含量(摩尔分数)	液相中乙醇的含量(摩尔分数)	汽相中乙醇的含量(摩尔分数)
0.0	0.0	0.40	0.614
0.004	0.053	0.45	0.635
0.01	0.11	0.50	0.657
0.02	0.175	0.55	0.678
0.04	0.273	0.60	0.698
0.06	0.34	0.65	0.725
0.08	0.392	0.70	0.755
0.10	0.43	0.75	0.785
0.14	0.482	0.80	0.82
0.18	0.513	0.85	0.855
0.20	0.525	0.894	0.894
0.25	0.551	0.90	0.898

7 干燥实训

7.1 实训目的

（1）掌握干燥操作的传质与传热过程；

（2）了解干燥设备各部件的作用、结构和特点以及工作流程；

（3）掌握干燥设备的基本操作、调节方法，了解影响干燥过程的主要影响因素；

（4）掌握干燥设备常见异常现象及处理方法；

（5）了解干燥过程安全知识；

（6）能正确使用设备、仪表，及时进行设备、仪器、仪表的维护与保养；

（7）能掌握现代信息技术管理能力，会应用计算机对现场数据进行采集、监控和处理异常现象；

（8）能正确填写生产记录，及时分析各种数据。

7.2 基本原理

7.2.1 干燥过程

在化工生产中所得到的固态产品或半成品往往含有过多的水分或有机溶剂（湿分），干燥（或称为去湿）是利用热能降低或除去物料中湿分的单元操作。

化工生产中常用的去湿方法很多，根据其原理不同，可分为以下几种。

（1）机械去湿法

用于湿分较大的物料，通过压榨、沉降、过滤和离心分离等方法去湿。耗能较少、较为经济，但除湿不完全。

（2）吸附去湿法

用化学方法（浓硫酸、生石灰）或干燥剂（如无水氯化钙、硅胶）等吸去湿物料中所含的水分，该方法费用高、操作麻烦，只能除去少量水分，适用于实验室使用。

(3) 供热去湿法

利用热能使湿物料中的湿分汽化，并及时移走所产生的蒸汽，这种去湿的方法被称为干燥。该方法虽然消耗热能较多，但能除去湿物料中大部分湿分，除湿彻底，在工业生产中应用最为广泛，如原料的干燥、中间产品的去湿等。

7.2.2 干燥原理

干燥按传热方式又可分为传导干燥、对流干燥、辐射干燥和介电干燥法。其中以对流干燥应用最多，即使干燥介质直接与湿物料接触，热能以对流方式加入物料，产生的蒸汽被干燥介质带走。

对流干燥过程中，温度为 t、湿分分压为 p 的湿热气体流过湿物料的表面，物料表面温度 t_1 低于气体温度 t，由于温差的存在，气体以对流方式向固体物料传热，使湿分汽化；在分压差的作用下，湿分由物料表面向气流主体扩散，并被气流带走。

干燥是热、质同时传递的过程。物料表面温度低于气相主体温度，因此热量以对流方式从气相传递到固体表面，再由表面向内部传递，这是一个传热过程；固体表面的水汽分压高于气相主体中的水汽分压，因此水汽由固体表面向气相扩散，这是一个传质过程。

显然，干燥过程温差、压差是关键的扩散推动力。温差越高，压差越大，干燥进行得越快，所以干燥过程中热介质及时将所产生的蒸汽带走。物料的干燥速率取决于表面汽化速率和内部湿分的扩散速率。

对流式干燥器又称直接干燥器，湿物料由床层的一侧加入，由另一侧导出。热气流由下方通过多孔分布板均匀地吹入床层，与固体颗粒充分接触进行传热、传质，带走水分，并由顶部导出，达到干燥目的。

7.2.3 干燥设备简介

干燥设备又称干燥器和干燥机。在化工生产中，由于被干燥物料的形状和性质都各不相同，生产规模或生产能力也相差悬殊，对于干燥产品的要求也不尽相同，所以采用的干燥器类型和干燥方式也多种多样。一般对于干燥器有下列要求：能保证产品的工艺要求；干燥速度快；干燥器的热效率高；干燥系统的流体阻力要小；操作控制方便，劳动条件良好，附属设备简单。以下是按结构分类的几种典型干燥设备。

(1) 箱式干燥器

箱内设有风扇、加热器、热风整流板和进出风口，通过加热空气降低空气中的饱和度，热空气通过物料表面，经过传热传质过程带走物料中的水分，实现干燥过程。箱式干燥器的主要构造是一个外壁绝热的方形干燥室和放在小车支架上的放料盘，盘数和干燥室的大小由所处理的物料量及所需干燥面积而定。操作时，将需要干燥的湿物料堆放在物料盘中，将小车一起推入箱内新鲜空气由入口进入干燥器与废气混合后进入风机，通过风机后的混合气一部分由废气出口排出干燥器，大部分经加热器加热升温后沿挡板均匀地掠过各层盘内物料表面，将其热量传递给湿物料，并带走湿物料所汽化的水汽，增湿降温后的废气循环进入风机。

优点：构造简单，容易制造，适应性强。它适合于干燥粒状、片状、膏状物料和较贵重的物料。

缺点：干燥不均匀。由于物料层是静止的，故需要的干燥时间较长，装卸物料时劳动强度大，操作条件差。

箱式干燥器适合用于小规模生产、干燥程度要求高；物料允许在干燥器内停留时间长；可同时干燥几种品种，适合于颜料、燃料、医药品、催化剂、铁酸盐、树脂、食品等产品的干燥。

(2) 转筒干燥器（又称为回转圆筒干燥器）

转筒干燥器的主体是略带倾斜并能回转的圆筒体，圆筒全部重量支撑在托轮上，筒身被齿轮带动而回转。湿物料从高的一端送入，与另一端进入的热空气逆流接触，传质传热。被不断出去湿分的物料随着圆筒的旋转，在重力的作用下流向较低的一端，完成干燥过程。通常在圆筒内壁装有顺向抄板（或类似装置），它不断地把物料抄起又洒下，使物料的热接触表面增大，以提高干燥速率并促使物料向前移动。

优点：①生产能力大，水分蒸发量较高，可连续操作；②适用范围广，可以用它干燥颗粒状物料，对于那些附着性大的物料也很有利；③结构简单，操作方便且具有耐高温的特点，能使用高温热风，热效率高；④清扫容易。

缺点：①装置比较笨重，金属耗材多，传动机构复杂，维修量较大；②设备投资高，占地面积大。

转筒干燥器是最古老的干燥设备之一，目前仍被广泛使用于冶金、建材、化工等领域，适用于大量生产的粒状、块状、片状物料的干燥。

(3) 气流干燥器

用于干燥在潮湿状态时仍能在气体中自由流动的颗粒物料，所以通常与物料的粉碎操作结合进行。干燥过程是利用高流速的热气流，使能在气体中自由流动的粉粒状物料悬浮在气流中，将湿分去除，从而完成干燥。

气流干燥器的主体是一根长的直立圆筒。操作时，将新鲜空气经预热器加热到指定温度（通常为80～90℃），然后进入干燥管以较高速度在气流干燥管中流动，管内流速决定于湿颗粒的大小和密度，一般是10～20m/s。湿物料自螺旋加料器进入干燥管，在干燥管中被高速气流分散并悬浮在气流中，热气流与物料并流流过干燥管的过程中充分接触进行传质与传热，使物料得以干燥。已干燥的颗粒被较快的气流一直带到缓冲器内（上端封闭），再沿降落管落入旋风分离器内，经旋风分离器分离后，由底部排出，废气经风机而放空。

优点：①热空气与被干燥物料直接接触，气、固间传递表面积很大，干燥速率大，体积蒸发强度很高，适用于大量生产；②干燥时间短，热效率高，气、固并流操作，可以采用高温介质，对热敏性物料的干燥尤为适宜；③干燥伴随着气力输送，减少了产品的输送装置；④结构相对简单，占地面积小，运动部件少，易于维修，成本费用低。

缺点：①气流干燥系统的流动阻力降较大，必须选用高压或中压通风机，耗能较大；②必须设有粉尘收集装置，否则尾气携带的粉尘将造成很大的浪费，并对环境造成污染；

③对颗粒较大的物料，需要特殊的加料装置，甚至需附加粉碎装置；④对有毒物质，不宜采用这种干燥方法。

气流干燥器适合用于处理含非结合水及结块不严重又不怕磨损的粒状物料，尤其适宜于干燥热敏性物料或临界含水量低的细粒或粉末物料，如染料，药物、食盐等。

（4）流化床干燥器

流化干燥是指干燥介质使固体颗粒在流化状态下进行干燥的过程，所以流化床干燥器又称沸腾床干燥器，是流化技术在干燥操作中的应用。流化床干燥器由空气过滤器、沸腾床主机、旋风分离器、布袋除尘器、高压离心通风机、操作台组成。干燥器内用垂直挡板分成多个小干燥室，湿物料依次由第一室流到最后一室。热气流自下而上通过气体分布板进入松散的物料层，气流速度保持在颗粒临界流化速度和带出速度之间。颗粒形成流化态，在器内被热气流猛烈冲刷，上下翻动，互相混合和碰撞，与热气体进行传热和传质而达到干燥目的。

优点：①可连续自动化生产，干燥速度快，温度低；②传热、传质速率高，因为单位体积内的传递表面积大，颗粒间充分的搅混几乎消除了表面上静止的气膜，使两相间密切接触，传递系数大大增加；③由于传递速率高，气体离开床层时几乎等于或略高于床层温度，因而热效率高；④由于气体可迅速降温，所以与其他干燥器比，可采用更高的气体入口温度；⑤设备简单，无运动部件，成本费用低；⑥操作控制容易。

缺点：①物料停留时间短，故常被用作物料的预干燥；②颗粒之间以及颗粒与器壁之间的碰撞与摩擦导致颗粒破碎现象比较严重，故不适合于干燥晶型不允许破坏的物料；③气、固两相分离任务很重，固体产品的放空损失较大，热效率较低；④气体通过干燥系统的流动阻力较大，因而风机的动力消耗较高，故总能耗较高。

流化床干燥器适用于散粒状物料的干燥，如医药药品中的原料药、压片颗粒料、中药；化工原料中的塑料树脂、柠檬酸和其他粉状、颗粒状物料的干燥除湿，还用于食品饮料；粮食加工，玉米胚芽、饲料等的干燥，以及矿粉、金属粉等物料。物料的粒径一般为0.1～6mm，最佳粒径为0.5～3mm。

（5）喷雾干燥器

喷雾干燥器是使液态物料经过喷嘴雾化成微细的雾状液滴，在干燥塔内与热介质接触，被干燥成为粉料的热力过程。原料液可以是溶液、乳浊液或悬浮液，也可以是熔融液或膏糊状物。雾化可以通过旋转式雾化器、压力式雾化喷嘴和气流式雾化喷嘴实现。干燥产品可根据生产要求制成粉状、颗粒状、空心球或团粒状。

空气经加热后送至空气分布器导入干燥塔顶部，原料由泵送至干燥塔顶部，通过雾化器喷成雾状液滴，这些液滴群的表面积很大，与高温热风接触后水分迅速蒸发，在极短的时间内便成为干燥产品。

雾滴的大小与均匀程度对产品质量影响很大，若雾滴不均匀，就会出现大颗粒还未干燥到规定指标，而小颗粒已干燥过度而变质的现象。因此，喷雾干燥器中雾化器是关键部分。

优点：①干燥速度极快，适宜于处理热敏性物料；②不会因高温空气影响其产品质量，产品具有良好的分散性、流动性和溶解性，能得到速溶的粉末或空心细颗粒；③处理物料种类广泛，如溶液、悬浮液、浆状物料等皆可；④喷雾干燥可直接获得干燥产品，因而可省去蒸发、结晶、过滤、粉碎等工序；⑤生产过程简单，操作控制方便，过程易于连续化、自动化。

缺点：①由于使用空气量大，干燥容积变大，容积传热系数较低，热效率低；②设备占地面积大、设备成本费高；③尘回收麻烦，回收设备投资大。

喷雾干燥器适合用于洗涤粉、乳粉、染料、抗生素等的干燥。

7.2.4 干燥过程的节能减耗途径

(1) 干燥器的选型

干燥器的选型，受众多的因素所制约。首先是物料的物理性质，不同类型干燥器适用的物料不同；其次是产量大小、干燥速率、结构、造价、操作、维修、劳动保护等方面；同时还有一个很重要的因素就是能耗的大小，能适用于几种干燥器的，应选用能耗小的干燥器。

(2) 合理选择热源

由于一次能源（煤炭、石油、天然气）加工转换为二次能源（电、蒸汽、城市煤气）时存在一个转换效率，故在允许的条件下，应尽量使用一次能源。若使用二次能源，应尽量使用转换效率较大的能源。在低温时（150℃以下），最好使用饱和蒸汽做热源；而在高温时，应采用天然气、煤气或燃油做热源。

(3) 干燥器余热的利用

在对流干燥中，干燥介质用量一般都较大，且流出干燥器的温度常在80～150℃之间，所携带的热量很多，这部分非有效热的利用潜力较大。

7.3 实训装置

整套实训装置包括流化床干燥实训对象、仪表操作台等，并配备上位机监控计算机、监控数据采集软件、数据处理软件等。

流化床干燥实训对象包括鼓风机、负压引风机、加热油炉（含电加热装置）、导热油换热器、导热油事故罐、导热油泵、流化床、旋风分离器、旋风收尘罐、取样器、产品收集布袋、布袋除尘器、喂料机、差压变送器、现场显示变送仪表等组成。

7.4 实训流程

卧式流化床干燥实训装置流程如图7-1所示。

空气源由风机提高，冷空气经孔板流量计和空气预热器后分三路进入流化床干燥器。被加热的空气由鼓风机在干燥器底部导入，经分布板均布后，进入床层将固体颗粒流化并进行干燥，经扩大段沉降。湿空气由干燥器经一级除尘器（旋风分离器）和二级除尘器

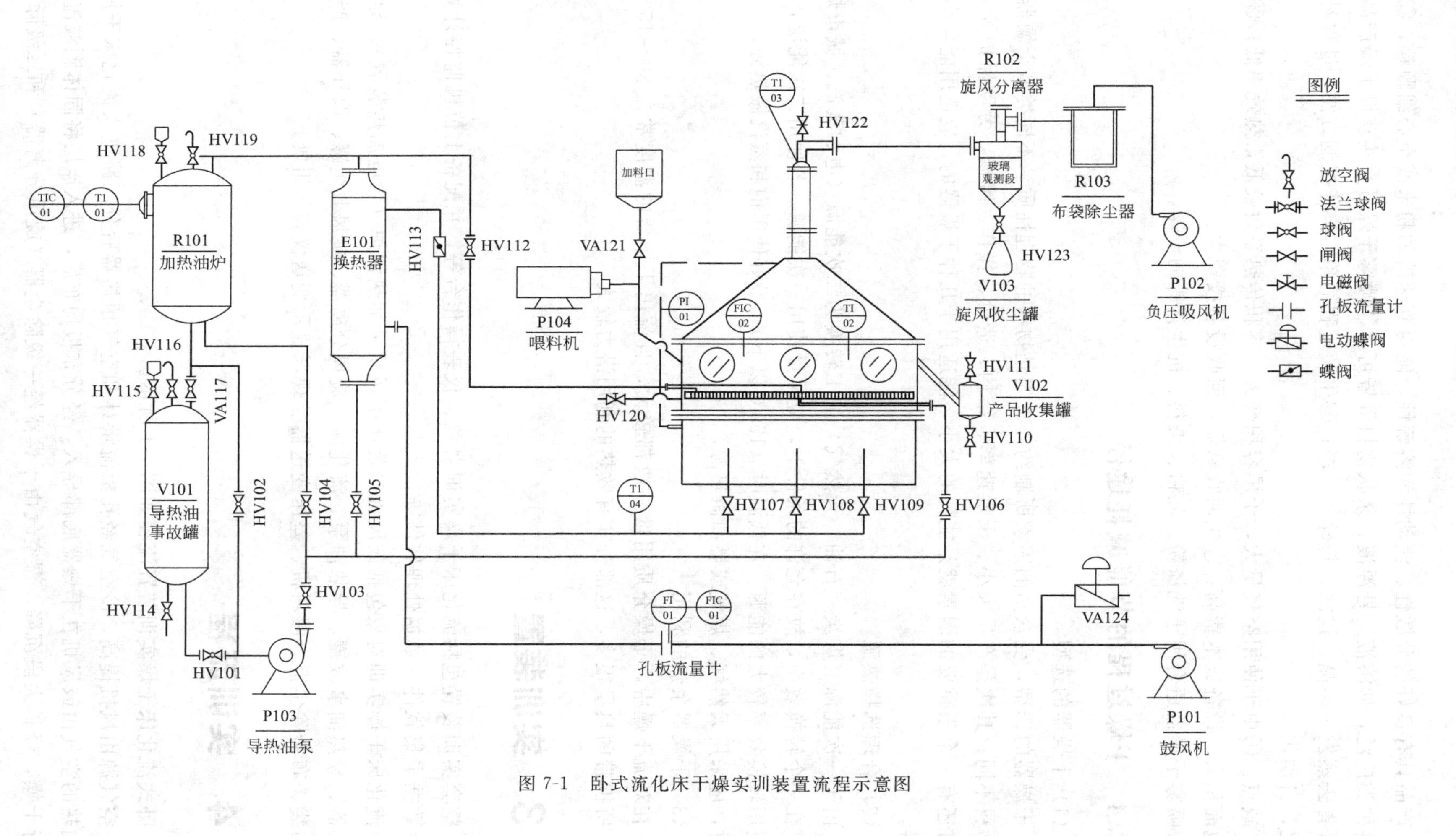

图 7-1 卧式流化床干燥实训装置流程示意图

（布袋除尘器）后经引风机抽出、放空。空气的流量由旁路调节阀调节，并由孔板流量计计量，现场显示，并在仪表操作台的“风量手自动控制仪”上显示控制。

导热油温度由“导热油温度手自动控制仪”控制加热管加热导热油炉里的导热油来控制；床层温度由“床层温度手自动控制仪”通过控制导热油泵打导热油的快慢及多少进行控制。流化床干燥器的床层压降由压差传感器检测。

固体物料采用间歇和连续两种操作方式，由干燥器顶部加入，实训结束后，在流化状态下由下部卸料口流出。分析用试样由采样器定时采集。

7.5 实训步骤

7.5.1 开车前准备

（1）检查公用工程（水压、水位、电压、各指示灯等）是否正常。

（2）检查床层内及流化床加料器内被干燥物（变色硅胶）的质量和数量，若不够，取适量变色硅胶加少量的水，使硅胶颗粒既不能为蓝色，也不能有水滴出为宜。将处理好的硅胶搅拌均匀后，倒入“流化床干燥器”加料漏斗里。开启加料机，对干燥箱进行加料，若堆积在干燥器左边，则可开启送料电磁阀把堆积的料送到右边。

（3）检查总电源的电压情况是否良好。

7.5.2 开车操作

（1）开启电源

① 在仪表操作平台上，开启总电源开关，此时总电源指示灯亮。

② 开启仪表电源开关，此时仪表电源指示灯亮，且仪表上电。

（2）开启计算机启动监控软件

① 打开计算机电源开关，启动计算机。

② 在桌面上双击“流化床干燥实训软件”，进入流化床干燥实训 MCGS 组态环境，如图 7-2 所示。

③ 单击菜单“文件/进入运行环境”或按“F5”进入运行环境，输入班级、姓名、学号后，单击“确认”，进入如图 7-3 所示的界面，单击“流化床干燥单元操作实训”，进入实训软件界面（图 7-4），启动监控软件。

（3）导热油加热

合上总电源开关，打开加热油炉的电加热电源开关，设定温度 200℃，开始加热。图 7-5 中，PV 表示实际测量值、SV 表示设定值、OP 表示仪表控制输出值；“控制设置”将打开控制界面，如图 7-5 所示，可对控制的 PID 参数进行设置，一般不设置。

（4）加料

打开阀 HV121、HV113、HV107、HV108、HV109、HV120；打开鼓风机电源、引风机电源、空压机电源、喂料机电源，把变色硅胶加到流化床床层中，完毕后，关闭阀

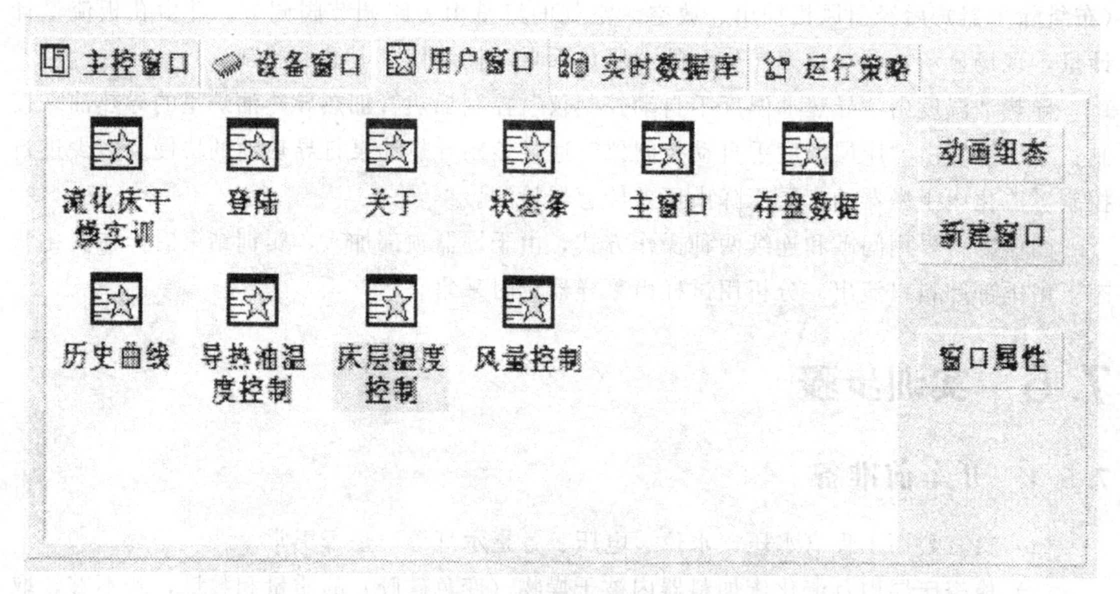

图 7-2 流化床干燥实训 MCGS 组态环境

卧式流化床干燥单元操作实训软件

图 7-3 流化床干燥单元操作实训软件界面

HV120、HV121，关闭空压机和喂料机电源。

（5）取样

① 导热油温度控制加热到 200℃，打开阀 HV102、HV103、HV105、HV106、HV112、HV118，关闭阀 HV119、HV102。

② 启动齿轮油泵，控制床层进口温度为 80℃。

③ 床层温度达到 80℃左右后，启动秒表，每隔 10min，打开阀 HV010 取样放到干燥器皿中，把干燥器皿编号，放到电子天平上称重，直到变色硅胶全变成红色为止。全部完成后把所有的干燥器皿放到干燥箱中干燥，直到硅胶全变成蓝色。把所有干燥后的硅胶再次称重，按编号记下干燥后的质量。

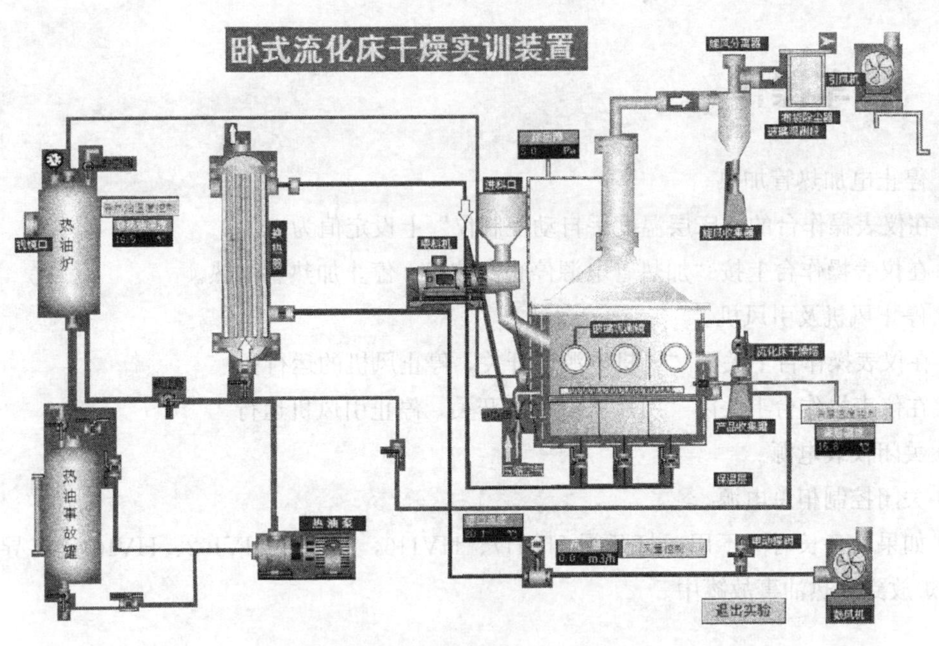

图 7-4　流化床干燥单元操作实训软件界面

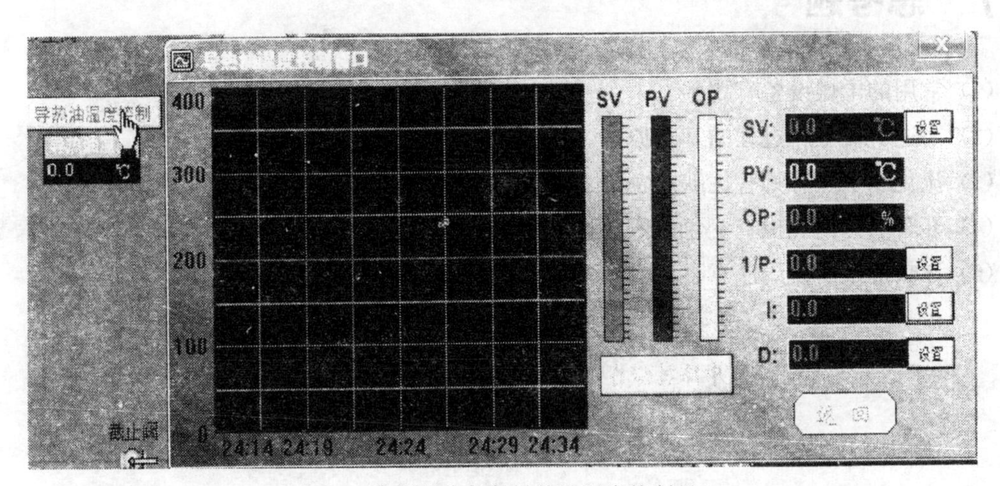

图 7-5　实训操作软件导热油温度控制界面

（6）记录数据

数据记录内容见表 7-1。

表 7-1　流化床干燥操作原始数据记录实训数据记录表

班级________；姓名________；学号________；装置号________；时间________；

风量：______ m/h；床层温度：______℃；流化床进口温度：______℃；流化床出口温度：______℃

编号	时间/min	干燥前毛重/g	干燥后毛重/g	干燥后净重/g	器皿质量/g	含水量/g
1						
2						
3						
4						
5						

指导教师（签字）：

7.6 停车操作

① 停止电加热管加热。

a. 在仪表操作台的“床层温度手自动控制仪”上设定值为0℃；

b. 在仪表操作台上按“加热管电源停止”按钮，停止加热管加热。

② 停止风机及引风机。

a. 在仪表操作台上关闭“风机电源”开关，停止风机的运行；

b. 在仪表操作台上关闭“引风机电源”开关，停止引风机运行。

③ 关闭仪表电源。

④ 关闭控制柜总电源。

⑤ 如果设备长时间不用，打开阀HV117、HV116，关闭阀HV102、HV101，将导热油从加热油炉放到导热油事故罐中。

7.7 思考题

(1) 常用的干燥设备有哪些？

(2) 简述对流干燥过程的基本原理。

(3) 流化床干燥有哪些优缺点？

(4) 开车前为何要检查变色硅胶的情况？

(5) 导热油泵的使用注意事项有哪些？

附录 实训报告要求

实训报告应包含以下主要内容：

1. 实训内容简介

绘制工艺流程图。

2. 实训步骤

2.1　开车前准备

2.2　正常开车

2.3　稳定运转

2.4　正常停车

3. 数据记录及讨论分析

4. 思考题

5. 实训心得

实训报告封皮应包含以下内容：

实训名称

实训报告撰写人所在学院、专业班级、姓名、学号

实训日期

参 考 文 献

[1] 陈敏恒．化工原理（上、下册）．第4版［M］．北京：化学工业出版社，2015.

[2] 姚玉英．化工原理．第3版［M］．天津：天津大学出版社，2004.

[3] 易卫国．化工单元操作［M］．北京：化学工业出版社，2007.

[4] 侯炜．化工单元操作实训［M］．北京：化学工业出版社，2012.

[5] 何灏彦．化工单元操作实训［M］．北京：化学工业出版社，2015.

[6] 窦锦民．化工单元操作实训［M］．武汉：华中科技大学出版社，2010.

[7] 徐仿海．化工单元操作技术［M］．北京：化学工业出版社，2015.

[8] 闫晔．化工单元操作实训装置建设初探［J］．中国现代教育装备，2011（11）：35-37.